环境微生物应用实验指导

刘 萍 谢文军 夏江宝 主编

中国农业科学技术出版社

图书在版编目（CIP）数据

环境微生物应用实验指导／刘萍，谢文军，夏江宝主编．—北京：中国农业科学技术出版社，2017.12

ISBN 978-7-5116-3355-2

Ⅰ.①环…　Ⅱ.①刘…②谢…③夏…　Ⅲ.①环境微生物学-实验-高等学校-教学参考资料　Ⅳ.①X172-33

中国版本图书馆CIP数据核字（2017）第271491号

责任编辑　崔改泵　李　华
责任校对　贾海霞

出 版 者　中国农业科学技术出版社
北京市中关村南大街12号　邮编：100081
电　　话　(010)82109708(编辑室)　(010)82109702(发行部)
(010)82109709(读者服务部)
传　　真　(010)82106650
网　　址　http://www.castp.cn
经 销 者　各地新华书店
印 刷 者　北京建宏印刷有限公司
开　　本　710mm×1 000mm　1/16
印　　张　8
字　　数　140千字
版　　次　2017年12月第1版　2019年12月第2次印刷
定　　价　36.00元

《环境微生物应用实验指导》

编　委　会

主　　编： 刘　萍　谢文军　夏江宝

副 主 编： 李甲亮　王　君

参编人员： 王宝琴　张　琼

前　言

环境微生物是存在于土壤、水体及大气中各类微生物的总称，其中某些微生物由于具有某些独特性能，可利用它们改善人类环境，包括有害物质的降解、重金属的富集、水污染治理及污染土壤的修复等，这一类微生物我们可称为环境资源微生物。环境资源微生物是一个跨界的多类生物集群，包括原核生物界的细菌、放线菌、蓝细菌等，原生生物界的原生动物和藻类，真菌界的真菌，动物界的微型动物，以及非细胞形态的病毒。目前，环境资源微生物的研究范围主要集中在原核生物界、原生生物界及真菌界。

环境资源微生物是生态系统中重要的组成成员，在生物降解与转化过程中发挥着关键作用。从对环境的影响来看，主要体现在对有机物质的生物降解，尤其是对环境中的污染物质，微生物占有着不可或缺的地位。环境污染物能严重造成土壤及水体损失，这些污染物从进入环境的那一瞬间开始，即在空间上不断扩散、转移、沉积，通过吸附、氧化、水解、电离等物理化学作用在形态结构上不断发生变化，而这些物质的降解往往与环境中的微生物存在某种联系，尤其是有机污染物质的生物降解更离不开微生物的参与，甚至某些内生细菌与植物共同作用彻底降解土壤中的污染物。微生物修复具有高效、成本低、二次污染风险度低等特点，越来越受到人们的重视。如何从环境中筛选分离资源微生物，进而研究这些微生物的基本功能是本书编写的初衷。

本书在编写过程中，围绕微生物培养基的制作、不同生境资源微生物的分离筛选技术、微生物的形态观察、生长控制及菌种保藏等几个内容展开，主要针对环境工程、环境科学、生态学及生物学专业的学生编写而成，除了设置微生物操作技能的基础实验，还有研究性实验，重在培养学生对环境资源微生物分离筛选的操作技能，继而提高大学生科研素养。

编　者

2017年9月

目　录

第一章　纯培养技术

实验 1　培养基的配制、分装和灭菌

【实验目的】

1. 了解培养基种类及用途。
2. 学习和掌握通用培养基配制的一般步骤。
3. 掌握高压蒸汽灭菌技术。

【实验内容】

1. 牛肉膏蛋白胨培养基的配制。
2. 利用高压灭菌锅对培养基进行灭菌。

【概述】

培养基是培养微生物生长繁殖、累积代谢产物的混合养料。在营养要素水平上包括碳源、氮源、能源、生长因子、无机盐和水。细菌通用培养基常用牛肉膏蛋白胨培养基，放线菌则采用高氏一号培养基，真菌可采用马铃薯葡萄糖琼脂培养基。各类培养基配制程序大致相同，首先按照配方称取药品，用少量的水溶解各组分，待完全溶解后补足水至所需量，最后调节 pH 值。然后将培养基分装于三角瓶或试管内，灭菌后确定无杂菌后收藏备用。其相应固体培养基通常添加琼脂作为凝固剂，添加量为 1.5%～2.0%。厌氧菌生长的培养基，在配制时需在培养基中加入适量的还原剂如巯基乙醇、维生素 C 或半胱氨酸等物质，以降低其氧还电位，利于厌氧菌生长。

培养基配制后应及时灭菌，常采用加压蒸汽灭菌法进行灭菌。而对培养基中一些不耐热的组分，通常用滤器进行过滤除菌，但该法无法滤除培养液中的病毒和噬菌体。

【材料和器皿】

1. 试剂

牛肉膏、蛋白胨、NaCl、琼脂、1mol/L NaOH、1mol/L HCl。

2. 器皿

试管、三角瓶、玻璃烧杯、量筒、玻璃棒、牛角匙、漏斗、漏斗架、胶管、止水夹、培养皿、吸管、玻璃棒。

3. 其他

pH 计、棉花、牛皮纸、记号笔、皮筋、纱布、高压蒸汽灭菌锅、电子天平。

【操作步骤】

一、牛肉膏蛋白胨培养基的配制

牛肉膏蛋白胨培养基是进行细菌培养及相关研究的一种通用培养基。其配方如下：牛肉膏 3g、蛋白胨 10g、NaCl 5g、琼脂 15～20g、水 1 000ml，pH 值 7.2~7.4。

1. 称取药品

按配方称取各种药品（琼脂粉除外）放入大烧杯中。牛肉膏可直接置于称量纸上称量，随后放入烧杯中，待加热后牛肉膏与称量纸分离，立即取出纸片即可。药品称取后及时拧紧瓶盖，以防止蛋白胨等试剂吸水变潮。

2. 加热溶解

在烧杯中加入少量自来水，加热，同时用玻璃棒搅拌，待药品完全溶解后再补充水分至所需量。

3. 调节 pH 值

刚配好的牛肉膏蛋白胨培养液呈微酸性，可滴加 1mol/L NaOH 溶液调节，边滴加边搅拌，并随时检测，调节 pH 值 7.2～7.4。注意 pH 值不要调过头，以免反复回调而影响培养基内各离子的浓度。

4. 过滤

液体培养基用滤纸过滤，即可获得清澈透明的液体培养基，以利培养的观察。固体培养基可用 4 层纱布趁热过滤去除杂质。但若所培养微生物无特殊要求，这步可省略。

5. 分装

依据实验目的不同，可将配制好的培养基分装入试管或三角瓶内，如试管一般用于斜面培养，装入三角瓶培养基用于平板制作或液体发酵等。分装时可用漏斗以免培养基沾在管口或瓶口上造成污染。

（1）分装三角瓶。将上述培养基 150ml 分装于 250ml 三角瓶内，然后每瓶加入琼脂粉 2. 25~3g。三角瓶内配养基的装量以不超过总容量的 1/2~3/5 为宜。

（2）分装试管。将融化好琼脂的固体培养基趁热倒入分装漏斗（图 1-1）。分装时左手并排拿数支试管，右手控制弹簧夹按钮，让培养基依次流入各试管，注意培养基尽量不要污染试管口。用于制作斜面培养基时，装量不应超过试管高度（15mm×150mm）的 1/5（装量 3~4ml）。灭菌后制成斜面。半固体培养基（琼脂量在 1%左右）以试管高度的 1/3 为宜，灭菌后垂直待凝。

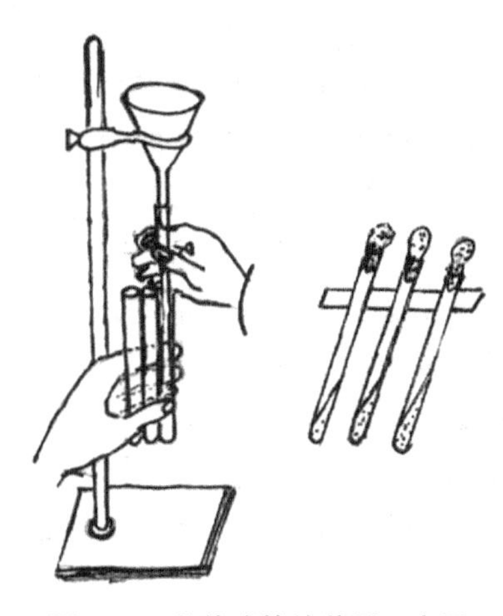

图 1-1　分装试管的装置示意图

6. 加棉塞

试管口和三角瓶口塞上棉塞，主要是防止杂菌侵入和有利通气。棉塞的形状、大小和松紧度要合适，四周紧贴管壁，不留缝隙。要使棉塞总长约 3/5 塞入试管口或瓶口内，以防棉塞脱落。亦可用封口膜、透气试管帽或塑料塞代替棉塞。

7. 包扎

在棉塞外包上一层牛皮纸或双层报纸，以防灭菌时冷凝水直接沾湿棉塞，贮存时也可防止尘埃污染。若培养基分装于试管中，则应以 5~7 支在一起，再于棉塞外包双层报纸，用皮筋或线绳扎好，然后注明培养基名称及制作日期。

8. 灭菌

将上述培养基放入加压灭菌锅内，于 121℃湿热灭菌 20min。

9. 摆斜面

灭菌后，如需制作斜面，可趁热将试管口端搁在一根长条上，并调整斜度，使斜面的长度不超过试管总长的 1/2。

10. 贮存

经无菌实验（将灭菌的培养基放入37℃温箱中培养24~48h，无菌生长证实培养基已灭菌彻底）后即可使用，或贮存于冰箱或橱内备用。

二、灭菌——高压蒸汽灭菌法

（一）基本原理

微生物操作要求在严格无菌条件下进行。所需器皿、材料及培养基等都需包装后并经灭菌方可使用。目前灭菌方法较多，包括干热灭菌、高压蒸汽灭菌、间歇灭菌、气体灭菌以及过滤除菌等多种方法。常规加压蒸汽灭菌是实验室最常用的灭菌方法。高压蒸汽灭菌锅包括立式、卧式、台式及手提式多种规格，目前实验室多采用全自动高压蒸汽灭菌锅（图1-2）。

图1-2　全自动高压蒸汽灭菌锅

高压蒸汽灭菌是将待灭菌的物品通过加热，使灭菌锅隔套间的水沸腾而产生蒸汽。待锅内空气排尽后，关闭排气阀，继续加热。此时由于大量蒸汽产生从而增加了灭菌锅内的压力，使沸点增高，得到高于100℃的温度，致使菌体蛋白凝固变性而达到灭菌目的。在同一温度下，湿热杀菌效力比干热大。主要是湿热的穿透力比干热大，产生的蒸汽有潜热效应。同时，湿热条件下细菌菌体吸收水分，蛋白质更容易凝固，由于蛋白质含水量增加，所需凝固温度降低。

高压蒸汽灭菌是依据水的沸点随水蒸气气压的增加而上升，加压提高了水蒸气的温度。蒸汽压力与蒸汽温度关系及常用的灭菌时间关系见表1-1。

表1-1　高压蒸汽灭菌时常用的灭菌压力、温度与时间

蒸汽压力			蒸汽温度（℃）	灭菌时间（min）
MPa	kgf/cm^2	lbf/in^2		
0.056	0.56	8.00	112.6	30
0.070	0.70	10.00	115.2	20
0.103	1.00	15.00	121.0	20

（二）操作步骤

1. 加蒸馏水

灭菌前，取出内层筐，检查锅内水位是否合格，若过低，则向外层锅内加入适量的蒸馏水，使水面与三角搁架相平为宜。切勿忘记加水或水量过少，以防灭菌锅烧干而引起炸裂事故。

2. 装料

将待灭菌物品放入内层筐内，注意不要装得太挤，以免阻碍蒸汽流通而影响灭菌效果。三角烧瓶瓶口及试管口皆不要与锅壁接触，以免冷凝水透入棉塞。

3. 加盖，设置灭菌条件

拧紧封盖，勿使漏气。参照全自动灭菌锅操作要求规范操作。常用灭菌条件设置 121℃，0.1Mpa，20min。

4. 排气、升压、保压及降压

待冷空气完全排尽后，关上排气阀，以增加锅内压力及温度。当锅内压力升到所需压力时维持压力至所需时间。注意须完全排尽锅内空气，才能关上排气阀，全自动高压灭菌锅可忽略此步骤。灭菌结束后，令其温度自然下降，当压力表显示降至“0”时，方可打开排气阀，旋松螺栓，打开盖子，取出灭菌物品。注意：压力一定要降到“0”时，才能打开排气阀，开盖取物，否则会因锅内压力突然下降，使容器内的培养基由于内外压力不平衡而冲出烧瓶口或试管口，造成棉塞沾染培养基而发生污染。

5. 无菌检查

灭菌后的培养基，需摆斜面的则摆成斜面，冷凝后放入 37℃ 温箱培养 24~48h，经检查若无杂菌生长，即可放入储物柜内备用。

【注意事项】

1. 制作培养基时，pH 值调节要小心操作，避免回调。

2. 使用灭菌锅应严格按照操作程序进行，避免发生事故；灭菌时，操作者切勿擅自离开；务必待压力下降至 0 后，方可打开锅盖。

3. 若使用全自动高压蒸汽灭菌锅，加盖后打开电源设置好灭菌温度、灭菌时间即可进行灭菌，无需排气，但要检查箱体内的水位线。

【问题和思考】

1. 配制培养基有哪几个步骤？在操作过程中应注意哪些问题？为什么？

2. 培养基配制完成后，为什么必须立即灭菌？已灭菌的培养基如何进行无菌检查？

3. 高压蒸汽灭菌操作应注意哪些问题？

实验 2　鉴别性培养基的配制

【实验目的】

了解鉴别性培养基的原理，并掌握配制鉴别性培养基的方法和步骤。

【实验内容】

1. 伊红美蓝（EMB）培养基的配制。
2. 乳糖胆盐发酵培养基的配制。
3. 亚硫酸铋琼脂（BS）培养基的配制。

【概述】

鉴别性培养基是一类在成分中加有能与目的菌的无色代谢产物发生显色反应的指示剂，从而达到只需用肉眼辨别颜色就能方便地从相似菌落中找出目的菌落的培养基。严格来讲，鉴别培养基是通过颜色反应来区分目的菌与非目的菌，如常用的伊红美蓝乳糖培养基，即 EMB（Eosin Methylene Blue）培养基，它在饮用水、牛奶的大肠菌群的细菌学检查及遗传研究工作中有着重要的作用。EMB 培养基配方中含有乳糖、伊红和美蓝，用以鉴别肠道病原菌及其他杂菌。其中伊红、美蓝作指示剂，伊红属酸性染料，当大肠埃希氏菌或产气肠杆菌分解乳糖产酸时，由于细菌带正电荷，所以被伊红着色。在大肠埃希氏菌中因为伊红和美蓝结合，使菌落呈现蓝紫黑色，且具有绿色金属光泽；菌落呈棕色者为产气肠杆菌。不分解乳糖的肠道病原菌则不着色，有时因产生碱性物质较多，细菌带负电荷，被美蓝着色后，菌落呈现淡紫色。通过不同颜色即可区别不同类别的细菌种类。

乳糖胆盐发酵培养基，主要用于食品卫生中大肠菌群的检测。该培养基中含有胆盐，能抑制大部分非肠道细菌的生长，而不能抑制大肠菌群的生长。大肠菌群发酵乳糖产酸产气，引起 pH 值变化，溴甲酚紫溶液颜色由紫色变成黄色，以此来初步判断大肠菌群的存在。

亚硫酸铋琼脂培养基常用于分离伤寒和副伤寒沙门氏菌，在此培养基培养中含有葡萄糖、亚硫酸钠、柠檬酸铋铵和煌绿，它们既是抑菌剂，又是指示剂。煌绿、亚硫酸铋能抑制革兰氏阳性菌和大肠埃希氏菌的生长。两种抑菌剂对伤寒和副伤寒沙门氏菌均无影响，而且由于伤寒沙门氏菌能发酵葡萄糖，可将亚硫酸铋还原成硫酸铋，形成黑色菌落，其周围有黑色环，对光观察可见有金属光泽，以此达到鉴别沙门氏菌的目的。

【材料和器皿】

1. 试剂

蛋白胨、牛肉膏、葡萄糖、乳糖、$Na_2HPO_4 \cdot 2H_2O$、$K_2HPO_4 \cdot 3H_2O$、$FeSO_4 \cdot 7H_2O$、Na_2SO_3、柠檬酸铋铵、猪胆盐、伊红Y、美蓝、溴甲酚紫、煌绿、琼脂、1mol/L NaOH、1mol/L HCl。

2. 器皿

电子天平、烧杯、三角烧杯、量筒、漏斗、试管、玻璃棒、加压蒸汽灭菌锅等。

3. 其他

药匙、pH计、称量纸、记号笔、棉花塞、纱布、线绳、牛皮纸、报纸。

【操作步骤】

一、伊红美蓝培养基的配制

1. 培养基成分

乳糖10.0g、蛋白胨10.0g、$K_2HPO_4 \cdot 3H_2O$ 2.0g、2%伊红Y溶液20ml、0.65%美蓝溶液10ml、琼脂15~20g、蒸馏水1 000ml，pH值7.2。

2. 配制方法

（1）物品的称量与溶解。称取培养基各个成分所需量，将其置入适当的烧杯中，加入1/2~2/3所需水量，溶化各营养成分，并定容。

（2）调pH值。调节pH值至7.2±0.1。

（3）加入染料。按每1 000ml培养基加入20ml 2%伊红Y溶液和10ml 0.65%美蓝溶液。

（4）分装并加入适量琼脂，加棉塞进行包扎，高压蒸汽115℃（0.07MPa）灭菌20min。

二、乳糖胆盐发酵培养基配制

1. 培养基成分

蛋白胨20g、猪胆盐5g、乳糖10g、0.04%溴甲酚紫水溶液25ml、蒸馏水

1 000ml，pH 值 7.3~7.4。

2. 配制方法

（1）称量与溶解。称取培养基各个成分所需量，将其置入适当的烧杯中，加入 1/2~2/3 所需水量，溶化各营养成分，并定容。

（2）调 pH 值。调节 pH 值至 7.3~7.4。

（3）按每 1 000ml 培养基加入 25ml 0.042%溴甲酚蓝溶液。

（4）分装、加塞、包扎后，加压蒸汽灭菌，115℃（0.07MPa）灭菌 20min。

三、亚硫酸铋琼脂培养基配制

1. 培养基成分

蛋白胨 10.0g、牛肉膏 5.0g、葡萄糖 5g、$FeSO_4 \cdot 7H_2O$ 0.3g、$Na_2HPO_4 \cdot 2H_2O$ 4.0g、0.5%煌绿溶液 5ml、柠檬酸铋铵 2.0g、Na_2SO_3 6.0g、琼脂 18g、蒸馏水 1 000ml、pH 值 7.5。

2. 配制方法

（1）将蛋白胨 10.0g、牛肉膏 5.0g、葡萄糖 5g 溶于 300ml 水中作基础液；$FeSO_4 \cdot 7H_2O$ 0.3g 和 $Na_2HPO_4 \cdot 2H_2O$ 4.0g 分别溶于 20ml 和 30ml 水中，混合均匀；再将柠檬酸铋铵 2g 和 Na_2SO_3 6.0g 分别溶于 20ml 和 30ml 水中，混合均匀。琼脂则用 600ml 水煮沸至完全溶化，补足水分，冷至约 80℃待用。

（2）先将 $FeSO_4 \cdot 7H_2O$ 与 $Na_2HPO_4 \cdot 2H_2O$ 混合溶液倾入基础液中，混匀，再将柠檬酸铋铵和 Na_2SO_3 混合溶液倾入基础液中，混匀。

（3）调节 pH 值至 7.5±0.1。随即倾入琼脂液中，混合均匀，冷至 50~55℃，加入 0.5%煌绿水溶液 5ml，充分混匀，并立即倾入平皿，每皿 20ml。平板呈淡绿色。

【注意事项】

亚硫酸铋琼脂培养基无需加压灭菌。在制备过程中不宜过分加热，应严格按上述进行操作以避免降低其选择性功能。该培养基若一次用不完，可存放于冰箱，但不宜超过 48h，以免降低其选择性，最好使用前 1d 配制。

【问题和思考】

1. 乳糖胆盐发酵培养基中胆盐起什么作用？

2. 亚硫酸铋琼脂培养基为什么不用加压灭菌锅？在亚硫酸铋琼脂中煌绿、亚硫酸铋起什么作用？

实验 3　选择性培养基的配制

【实验目的】

了解选择性培养基的原理，并掌握配制选择性培养基的方法和步骤。

【实验内容】

1. 马丁氏（Martin）培养基的配制。
2. Ashby 无氮培养基的配制。

【概述】

选择性培养基是 19 世纪末由荷兰 M. W. Beijerinck 和俄国 S. N. Vinogradsky 发明，是一类根据微生物特殊营养要求而设计的培养基，可使目的微生物在混合菌群中转变为优势菌，从而利于分离筛选。选择性培养基均含有增菌剂或抑菌剂。用于加富的营养物主要是一些特殊碳源或氮源，如甘露醇可富集自生固氮菌，石蜡油可富集分解石油烃的微生物，较浓的糖液可富集酵母菌等。而抑菌剂的选择性抑制作用，能够使所要分离的目的微生物得到较好的繁殖，同时对其他菌具有抑制作用。抑菌剂种类较多，包括染料、亚硒酸钠、去氧胆酸钠、胆盐、叠氮化钠、四硫磺酸钠或抗生素等。可结合鉴定培养基或其他生理生化指标，提高目的菌株的分离阳性率。

Martin 氏培养基常用于富集土壤真菌，培养基中有两种非营养物质，分别是去氧胆酸钠和链霉素，去氧胆酸钠属于表面活性剂，不仅可以防止霉菌菌丝蔓延，还可抑制 G^+ 细菌的生长，而链霉素对多数 G^- 细菌具有抑制生长作用，故这两种成分可抑制细菌和放线菌等原核微生物的生长，而对真菌的生长则没有影响，从而达到分离真菌的目的。

Ashby 无氮培养基常用于固氮菌的分离。培养基中仅含有基本碳源和无机盐，但缺少氮源。一般的细菌不能在此培养基上生长，一些固氮的细菌可以利用空气中的氮气作为氮源，故可在此培养基上生长，从而达到分离固氮菌的目的。

【材料和器皿】

1. 试剂

蛋白胨、葡萄糖、甘露醇、孟加拉红、链霉素、去氧胆酸钠、KH_2PO_4、

$MgSO_4 \cdot 7H_2O$、NaCl、$CaSO_4 \cdot 2H_2O$、$CaCO_3$、琼脂。

2. 器皿

电子天平、烧杯、三角烧瓶（250ml 容量）、量筒、漏斗、试管、玻璃棒、高压蒸汽灭菌锅等。

3. 其他

药匙、pH 试纸、称量纸、记号笔、透气封口膜、牛皮纸、报纸、试管帽。

【操作步骤】

一、马丁氏培养基的配制

1. 成分

葡萄糖 10g、蛋白胨 5g、K_2HPO_4 1. 0g、$MgSO_4 \cdot 7H_2O$ 0. 5g、1%孟加拉红溶液 3. 3ml、琼脂 16~20g、蒸馏水 1 000ml、pH 值自然。2%去氧胆酸钠溶液 20ml 与链霉素溶液（10 000IU/ml）3. 3ml（预先灭菌，临用前加入）。

2. 配制方法

（1）试剂称量及溶化。称取培养基各成分的所需量，在烧杯中加入 300ml 蒸馏水，然后依次加入培养基各成分并搅拌，融化后再按 1 000ml 培养基加入 3. 3ml 的 0. 1%孟加拉红溶液。

（2）溶化琼脂，定容。烧杯中加入约 700ml 水，放入琼脂加热至融化后，与溶化的试剂溶液混合，稍作加热并补足失水水分至 1 000ml。

（3）分装至三角烧瓶，每瓶装约 150ml，用封口膜包扎或加棉塞包扎。121℃灭菌 20min。

（4）临用前，加热溶化培养基，待冷却至 55℃左右，按照每 1 000ml 培养基加入 20ml 2%去氧胆酸钠溶液及 3. 3ml 链霉素溶液（10 000IU/ml），迅速混匀后倒平板。

二、Ashby 无氮培养基的配制

1. 培养基成分

甘露醇 10g、$KH_2PO_4$0. 2g、$MgSO_4 \cdot 7H_2O$ 0. 2g、NaCl 0. 2g、$CaSO_4 \cdot 2H_2O$ 0. 1g、$CaCO_3$ 5g、琼脂 15~20g、蒸馏水 1 000ml，pH 值 7. 2~7. 4。

2. 配制方法

（1）称量药品并溶化。称取培养基各成分的所需量。在烧杯中加入约 600ml 水，依次加入培养基各成分溶化，调 pH 值至 7. 2~7. 4。

（2）溶化琼脂。在烧杯中加入约 400ml 水，放入琼脂加热至溶化，与溶化的试剂溶液混合，稍作加热并补足失水水分至 1 000ml。

(3) 分装，加塞，包扎，121℃灭菌20min。

【注意事项】

链霉素受热容易分解，临用时将培养基溶化后待温度降至45~60℃时才加入。可先将链霉素配成1%的溶液，在100ml的培养基中加入1%链霉素0.3ml，使每毫升培养基含链霉素30μg。

【问题和思考】

1. 在马丁氏培养基中的孟加拉红、去氧胆酸钠、链霉素各起何作用？
2. 为什么Ashby无氮培养基可以分离固氮菌？

实验4　器皿的干热灭菌技术

【实验目的】

1. 了解干热灭菌原理及适用范围。
2. 学习并掌握干热灭菌技术。

【实验内容】

利用电烘箱进行干热空气灭菌。

【概述】

干热灭菌是利用高温使微生物细胞内蛋白质凝固变性而达到灭菌的目的，包括火焰灼烧或干热空气灭菌。火焰灼烧灭菌法灭菌迅速、可靠、简便，适合于耐火焰材料（如金属、玻璃及瓷器等）物品与用具的灭菌，不适合药品的灭菌。微生物接种中常用的接种器械如接种针、接种铲等，一般采用该法。

干热空气灭菌法适用于耐高温的玻璃和金属制品以及不允许湿热气体穿透的油脂（如油性软膏、注射用油等）和耐高温的粉末等化学药品，不适合橡胶、塑料及大部分药品的灭菌，其优点是保持灭菌器皿的干燥。该法在干热状态下，由于热穿透力较差，微生物的耐热性较强，必须长时间受高温作用才能达到灭菌目的。因此，干热空气灭菌法采用的温度一般比湿热灭菌高。为了保证灭菌效果，一般规定135~140℃灭菌3~5h，160~170℃灭菌2~4h，180~

200℃灭菌0.5~1h。

【材料和器皿】

培养皿、试管、吸管、电烘箱等。

【操作步骤】

1. 装入待灭菌物品

将培养皿装入铁质培养皿罐内，具塞试管装入烧杯内，烧杯瓶口用牛皮纸包扎，吸管用条形纸单独包扎。将包装好的上述器皿放入电烘箱内，关好箱门。物品不要摆放太挤，以免影响空气流通。灭菌物品不能用油纸包扎，亦不可接触电烘箱内壁，防止包装纸烤焦起火。

2. 设置灭菌条件

接通电源，打开开关，设置温度160~170℃，时间3h。干热灭菌过程中，注意灭菌器皿包装纸是否有焦糊味，若有，应立即切断电源。

3. 切断电源，开箱取物

灭菌时间结束后，切断电源，使其自然降温。当温度降至70℃以下，方可开箱取物。

【注意事项】

1. 电烘箱内温度降至70℃以下，才能开箱取出物品，否则由于温度的骤然下降，有可能导致玻璃器皿炸裂。

2. 为避免发生事故，灭菌过程中工作人员切勿擅自离开。

【问题和思考】

为什么干热空气灭菌比湿热灭菌所需温度高、时间长？

实验5　微生物接种技术简介

【实验目的】

掌握斜面接种、液体接种等微生物操作技术。

【实验内容】

1. 斜面接种。

2. 液体接种。
3. 穿刺接种。
4. 平板接种。

【概述】

接种技术是微生物实验及研究中的一项最基本的操作技术，是目的微生物分离筛选、纯化培养及保藏的根本，是保证微生物研究正常进行的关键。利用接种环或接种针等细菌或真菌接种工具，将纯种微生物在无菌操作条件下从一个培养器皿转接到另一培养器皿中。注意接种操作过程中均应在无菌条件下进行。

根据实验目的及培养方式可以采用不同的接种工具和接种方法。常用的接种工具包括接种针、接种环、接种铲、无菌涂布棒、无菌移液管及胶头滴管等（图 1–3）。现在也多用移液枪进行液体培养物的转接与保种。接种针、接种环及接种铲在使用时用火焰灼烧灭菌。试管、培养皿及玻璃烧瓶等是最为常用的培养微生物的器具，使用前须先经高压蒸汽灭菌，保证器具无菌。接种方法有斜面接种、液体接种及穿刺接种。

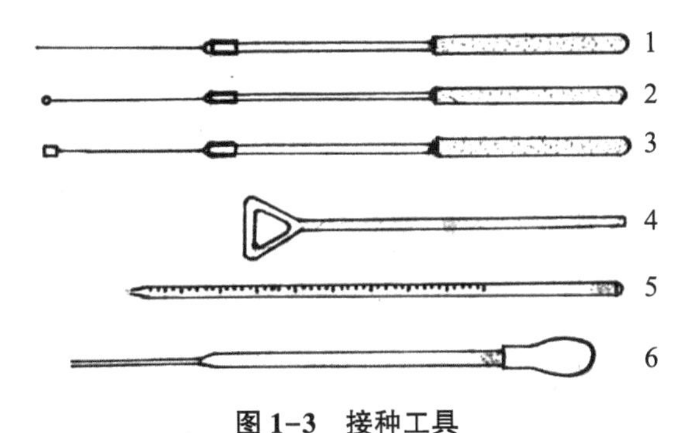

图 1–3　接种工具

1—接种针；2—接种环；3—接种铲；4—涂布棒；5—移液管；6—滴管

【材料和器皿】

试管、玻璃烧瓶、培养皿、各类接种工具。

【操作步骤】

1. 斜面接种

斜面接种是从菌种试管中或平板上挑取少许菌苔至空白斜面培养基。

（1）超净工作台灭菌15min。接种前将空白斜面贴上标签，为防菌种搞错，注明菌名、接种日期等信息，标签应贴在试管前1/3斜面向上的部位。

（2）点燃酒精灯，将菌种管及新鲜空白斜面向上，用大拇指和其他四指握在左手中，使中指位于两试管之间的部位，无名指和大拇指分别夹住两试管的边缘，管口齐平，管口稍向上斜（图1-4）。同时将试管帽或棉塞拧转松动，以利接种时拔出。

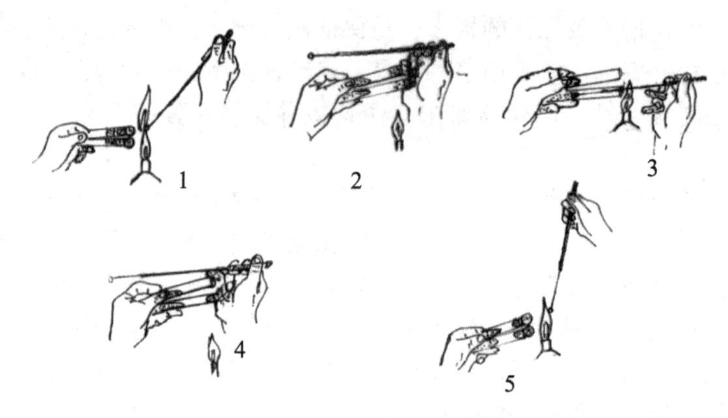

图1-4 斜面接种流程示意图

1—灼烧接种环；2—拔塞；3—转管；4—加塞；5—烧环

（3）接种环灼烧灭菌。右手持接种环柄，使接种环直立于火焰上，然后斜向横持将接种环金属杆来回通过火焰数次。

（4）将试管口外部在火焰上稍微灼烧，然后用右手小指、无名指和手掌在近火的无菌操作区内拔下试管帽或棉塞并夹紧。棉塞下部应露在手外，勿放桌上以免污染。

（5）将试管口迅速在火焰上微烧一周，并停留在火焰旁的无菌操作区内。将灼烧过的接种环伸入菌种管内，先将环靠近无菌培养基处，使其冷却以免烫死菌体。用环轻轻取菌，然后慢慢从试管中抽出，注意勿使菌环接触管壁以免感染杂菌。

（6）在火焰旁迅速将接种环伸入空白斜面，在斜面培养基上轻轻划线接种。划线时由底部起划成较密的波浪线。注意勿将培养基划破，不要使菌体沾污管壁。灼烧试管口，烘烤试管帽或棉塞并在火焰旁将试管帽或棉塞塞上，然后灼烧接种环以杀死残菌。斜面接种无菌操作过程见图1-4。

（7）用原无菌纸包装接种管，并做好标记，置培养箱中培养24~48h。

2. 液体接种

这是菌体液体培养或发酵常采用的接种方法。

(1) 灼烧接种环、试管、拔塞等与斜面接种同。但试管要略向上倾斜，以免培养基流出。

(2) 将从斜面取得菌种的接种环送入液体培养基中，并使环在液体与管壁接触的部位轻轻摩擦，使菌体分散于液体中。接种后塞上棉塞，为利于菌体生长，可将液体培养基轻轻摇动数秒，使菌体分布均匀。

(3) 若菌种培养在液体培养基内，需转接到新鲜液体培养基时，可用灭菌的移液管、滴管或移液枪。用时先将移液管及橡皮头灼烧，置于枪头架待用。转接前，将菌种管口稍微灼烧，用移液管吸取菌液，转入待接种的培养基内。灼烧管口，迅速塞好管塞，进行培养。

3. 穿刺接种

这是用接种针挑取少量菌苔，直接刺入半固体直立柱培养基（琼脂含量0.4%~0.6%）中央的一种接种法，常用来接种厌氧菌，或检查细菌的运动能力或保藏菌种。细菌若具有运动能力，经穿刺接种培养后，能沿着穿刺线向四周运动生长，形成的菌的生长线粗且边缘不整齐。不能运动的细菌仅能沿穿刺线生长，形成细而整齐的菌生长线。

(1) 将所需材料器具提前置于超净工作台内，贴标签，旋松试管帽或棉塞。

(2) 左手持菌种管，右手持接种针（拿法同斜面接种），在火焰旁拔去试管帽或棉塞。灼烧接种针，将接种针在斜面培养基稍微冷却后，挑取少量菌种，移出接种针，管口过火，塞上棉塞，将接种管放回试管架。

(3) 左手拿直立柱试管，管口斜朝下，将接种针从直立柱培养基中央由下而上直刺接种到深层固体培养基内，接至培养基 3/4 处，再沿原线拔出。穿刺时要求手稳，使穿刺线整齐。

(4) 试管口通过火焰，盖上试管帽或棉塞，同时灼烧接种针上的残留菌。

4. 平板接种

平板接种即用接种环将菌种接至平板培养基上，或用无菌枪头、滴管将一定体积的菌液移至平板培养基上，经涂布后培养。平板接种的目的是观察菌落形态，分离纯化菌种，活菌计数及在平板上进行生理生化等各种实验。平板接种方法较多，根据实验目的，现将以下几种作一介绍。

(1) 斜面接平板。

①划线法。无菌操作自斜面用接种环直接取出少量细菌菌体，接种在平板

边缘的一侧，然后烧去残余菌体，再从接种有菌的部位在平板培养基表面自左至右轻轻连续划线或分区划线（注意勿划破培养基）。经倒置培养后，在划线处长出菌落，以便观察或挑取单一菌落。该法仅适合单细胞微生物的分离培养。

②点种法。一般用于霉菌菌落的观察。在无菌操作下，用接种针从斜面或孢子悬液中取少许孢子，轻轻点种于平板培养基上，一般以三点（∴）的形式接种。霉菌孢子易分散，用孢子悬液点种效果较好。

（3）液体接平板。用无菌移液管或者枪头、滴管吸取一定体积的菌液移至平板培养基上，然后用无菌涂布棒将菌液均匀涂布在整个平板上。或者将菌液加入培养皿中，然后再倾入溶化并冷却至45～50℃的固体培养基，轻轻摇匀，平置，凝固后倒置培养。稀释分离菌种时常用该方法。

（4）平板接斜面。一般是将在平板培养基上经分离培养得到的单菌落，在无菌操作下分别接种到斜面培养基上，以便做进一步扩大培养或保存之用。接种前先选择好平板上的单菌落，并做好标记。左手拿平板，右手拿接种环，在火焰旁操作，灼烧接种环后将接种环在空白培养基处冷却，挑取菌落，在火焰旁稍等片刻，此时左手将平板放下，拿起斜面培养基，按斜面接种法接种。注意：接种过程中勿将菌烫死，操作过程需迅速，防止杂菌污染。

【注意事项】

接种环自菌种管转至待接斜面时，切勿通过火焰或接触其他物品的表面，以防接种失败或转接的斜面菌种污染。

【问题和思考】

1. 为什么说无菌操作是保证微生物研究工作正常进行的关键？
2. 何谓接种技术？接种应在什么条件下进行？其要点是什么？

第二章　微生物纯种分离技术与应用

实验 6　平板接种法纯种分离技术基本操作

【实验目的】

了解涂布平板法、浇注法及平板划线法分离菌种的基本原理，并熟练掌握其操作技能。

【实验内容】

1. 涂布平板法。
2. 浇注法。
3. 平板划线法。

【概述】

利用平板分离纯化法，可从混杂样品中获得所需要的微生物纯种，或者在实验室中把受污染的菌种重新纯化，包括涂布平板法、浇注法及平板划线法。平板划线法是最常用的菌落纯化法，而涂布法和浇注法除了用于纯化菌种之外，还可用于菌落数目的计量。通常用无菌采样器采样后制备均匀的样品溶液，稀释成梯度浓度，一般稀释倍数从 10^3 ~ 10^7（可根据需要进行梯度配置），选择 3~5 个稀释度溶液进行分离。一般来讲，细菌浓度选择最大，其次是放线菌和真菌，藻类稀释浓度最低，肥沃的土壤要比贫瘠土壤或盐碱地土壤稀释浓度要大。确定筛选浓度后，用微量取液器取一定量稀释液（一般取量为 100μl 或 200μl）接种于平板培养基上，利用涂布平板法或混培法进行分离。平板划线法分离菌种时，可直接用接种环从混合样品中直接取样划线，不必做浓度梯度。平板凝固后倒置培养箱内经过一段时间培养，从长出的菌落中分离目的微生物。

【材料和器皿】

1. 菌种

大肠杆菌和芽孢杆菌混合培养斜面菌种。

2. 培养基

牛肉膏蛋白胨琼脂培养基。

3. 器皿

无菌培养皿、无菌试管、无菌枪头、移液枪、水浴锅、接种环、涂布棒、培养箱、超净工作台。

【操作步骤】

1. 涂布平板法

（1）亦称刮刀法或涂抹法。首先是制作平板，将溶化至50℃左右培养基倒入培养皿内（培养瓶放置手背处不烫手即可），培养基的量约占皿高度的1/3，待培养基冷却凝固。

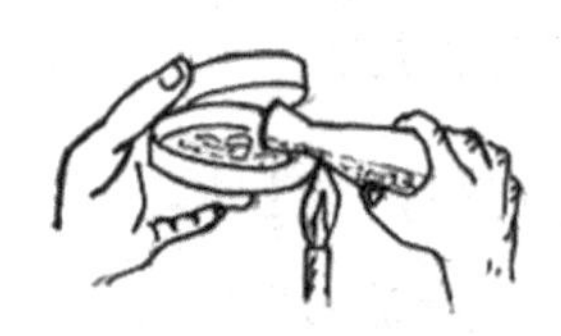

图 2-1　平板制作示意图

倒平板的方法是在火焰旁边右手持盛培养基的三角瓶，稍微灼烧瓶口后，用左手将瓶塞轻轻地拔出，瓶口保持对着火焰；然后用右手手掌边缘或小指与无名指夹住瓶塞（如果三角瓶内的培养基一次用完，瓶塞则不必夹在手中）。左手拿培养皿在火焰处灼烧一圈后将皿盖在火焰附近打开一缝隙，迅速倒入培养基约15ml，加盖后轻轻摇动培养皿，使培养基均匀分布在培养皿底部（图2-1），然后平置于桌面上，待凝后即为平板。

（2）稀释菌样。取7支试管，依次编号1~7。用无菌操作法依次加入4.5ml无菌生理盐水。用1ml枪头在待稀释的原始样品中，来回吹吸数次，再精确吸取0.5ml菌液至1号试管（注意勿让枪头前端接触1号管液面）。另取枪头，以同样方式在1号管中来回吹吸样品，并精确移取0.5ml菌液至2号管，如此稀释至10^{-7}，即7号管。根据实际情况，也可稀释至10^{-8}（图2-2）。

（3）用移液管或移液枪准确吸取5~7号管菌液各0.2ml，轻轻转入平板中央，用涂布棒轻轻涂布均匀后，倒置培养。注意培养基量过少容易被涂布棒刮破或培养时间较长时失水干掉。整个过程皆在无菌操作区进行。

2. 浇注平板法

亦称混合培养法，菌液稀释步骤同上。先将0.2ml稀释液加入无菌培养皿中，再倒入冷却至50℃左右培养基15~20ml，快速摇匀，使稀释液与培养基

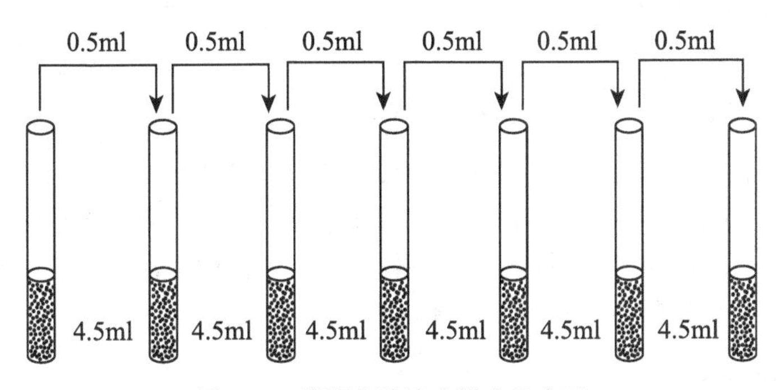

图 2-2　稀释菌液浓度梯度示意图

充分混合均匀，培养后菌落方能均匀分散（图 2-3）。混匀后水平放置培养皿，平板凝固后倒置恒温箱中进行培养，一般细菌在 30~32℃ 培养2~3d，真菌、放线菌在 28℃ 培养 5~7d，即可得到明显的菌落。根据分离菌株特点，可适当延长培养时间。

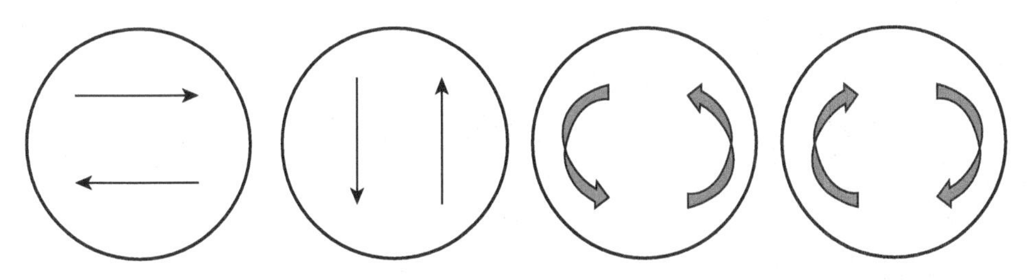

图 2-3　混菌摇匀方式示意图

3. 平板划线法

平板划线法常用于微生物的分离与纯化，无法进行微生物数量的统计。首先制作平板，待平板冷凝后，用接种环沾取稀释液或菌苔后，在平板上进行划线达到获得单个菌落的目的。划线方式可以划 Z 形线，也可以进行分区划线（图 2-4）。

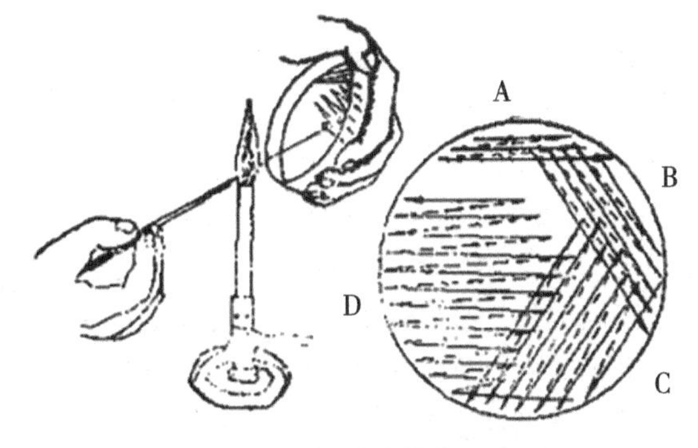

图 2-4　平板划线操作示意图

【注意事项】

1. 浇注平板法中，注入培养基不能太热，否则会烫死微生物；在混匀时，动作要轻巧，应多次上下、左右、顺或逆时针方向旋转。

2. 做涂布用的平板，可适当提高琼脂含量。倒平板时培养基不易太烫，否则易在平板表面形成冷凝水，导致菌落扩展或蔓延。平板制作可提前1~2d进行，可蒸发掉平板表面形成的冷凝水。

【问题和思考】

在混合平板法中，仔细观察固体培养基内的菌落是如何分布的？不同层次上的菌落形态、大小上有何区别？为什么？

实验7 真菌单孢分离技术

【实验目的】

了解并掌握真菌单孢分离技术原理及其应用范围。

【实验内容】

单孢分离法。

【概述】

已筛选的目的真菌被杂菌感染后，一般采用单孢分离法进行分离纯化获得纯种。利用自制厚壁磨口毛细吸管作为孢子取样器，取预先已适当萌发的孢子悬液，点种在作为分离湿室的培养皿盖的内壁上，然后在光学显微镜低倍镜下逐个检查，当发现某一滴液体内仅有一个萌发的孢子时，即作记号，然后在其上盖一小块营养琼脂片，让其发育成微小的菌落，然后再把它转入斜面培养基上，经培养后即获得由单孢子发育而成的菌种。

毛细吸管制作可利用一段细玻璃管或废弃移液管，一端在火焰上烧红、软化，使管壁增厚，然后用镊子将滴管的尖端拉成很细的厚壁毛细管状，再在合适的部位用金刚砂片割断。毛细滴管口须呈厚壁状并用细砂轮片或金刚砂仔细磨平（图2-5）。滴管制作好后需标定一下体积。粗略的做法是用100μl刻度吸管吸满水，然后用待测毛细滴管多次吸取其中的水，每次吸水后需用吸水纸吸去毛细管中的水，如此反复吸10次，若吸水总量为50μl，则可求得该毛细滴管的体积约为5μl。符合要求的毛细滴管，在玻片上滴样时，液体要流的均匀快速，点形圆整，每点的面积应略小于低倍镜视野。一般1μl的孢子悬液可点上50小滴。

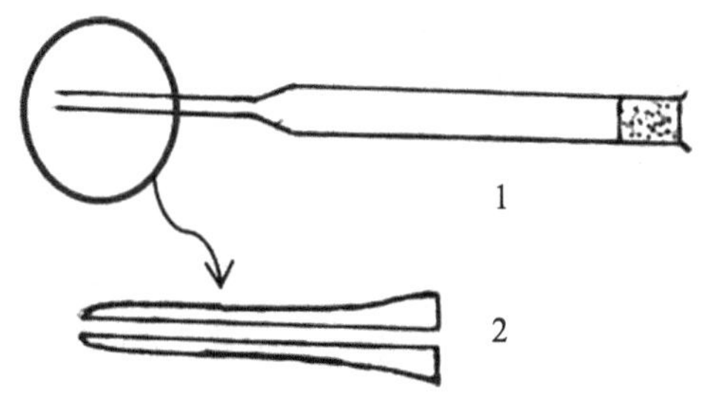

图2-5　厚壁磨口毛细滴管示意图

【材料和器皿】

1. 菌种

曲霉（*Aspergillus* sp.）。

2. 培养基

查氏培养基。

3. 仪器

显微镜、血细胞计数板、无菌厚壁磨口毛细滴管（自制）、移液管、三角瓶（内装有玻璃珠）、记号笔、培养皿、3%~4%水琼脂、玻璃管、乳胶管、脱脂棉等。

【操作步骤】

1. 准备分离湿室

在直径9cm的无菌培养皿中，倒入8~10ml 3%~4%的水琼脂，作保湿剂。在皿盖外壁上用黑色记号笔整齐划49个或56个直径约3mm小圈作点样记号。

2. 准备萌发孢子悬液

用无菌接种环在试管斜面上挑取生长良好的米曲霉孢子若干环，接入盛有10ml查氏液体培养基和玻璃珠的无菌三角瓶中，振荡5min左右，使孢子充分散开。吸取数毫升孢子悬液于无菌试管中，经血球计数板准确计数后，用查氏液体培养基调节孢子悬液浓度，使其每毫升孢子含有5万~15万个孢子。然后将其放入28℃恒温箱中培养8h左右，促使孢子适度萌发。

3. 点样

点样前，确定平板皿盖内无冷凝水，可用微火在背面加热去除，然后用厚壁磨口毛细滴管吸取数微升已初步萌发的孢子悬液，立即快速轻巧地把它一一点在皿盖内壁相应黑圈记号内。

4. 检出单孢子液滴

把点样后的分离小室放在显微镜的镜台上，用低倍镜依次检查每一液滴内有无孢子，若某液滴内只有一个孢子且是萌发的，则可在皿盖上作记号标记（图 2-6）。

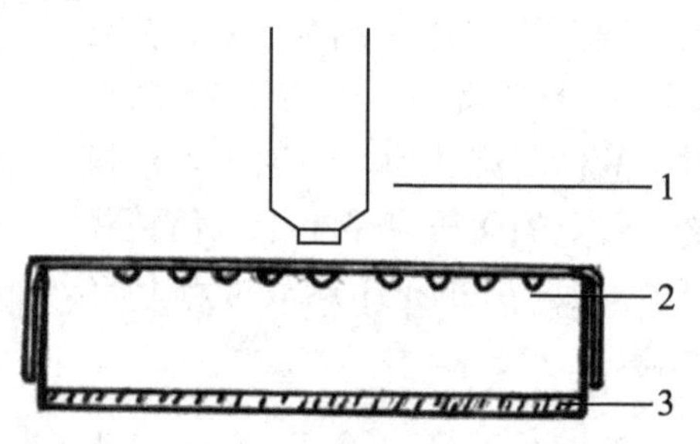

图 2-6 单孢子显微检查及分离湿室示意图

1—低倍物镜；2—单孢子液滴；3 水琼脂

5. 盖上玻片状培养基

将少量查氏琼脂培养基倒入无菌并保持 45～50℃的培养皿内，让其迅速铺开，形成均匀的薄层，待其凝固后，用无菌小刀将它切成若干小片（每片约 $25mm^2$），然后挑起并盖在有记号的单孢子液滴上，盖上皿盖。

6. 恒温培养

将上述分离小室放在 28℃恒温箱中培养 24h 左右，使每一单孢子长成一个微小菌落，以便于移种操作。

7. 移入斜面

接种针经火焰灭菌并冷却后，用它把长有单菌落的琼脂薄片移种到新鲜的查氏培养基斜面上，在 28℃下培养 4～7d 后，即可获得由单孢子发育成的生长良好的纯种斜面。

【注意事项】

1. 毛细管须选用厚壁且管口平整的；液滴要小而圆，面积应小于低倍镜的视野。

2. 用作分离小室中保湿剂的琼脂，不必倒得太厚，以免影响透光度和造成浪费。

【问题和思考】

在分离单孢子前，为何最好让孢子发一下芽？

实验 8　真菌菌丝尖端切割分离法

【实验目的】

掌握丝状真菌菌丝尖端切割分离法，达到获得纯种的目的。

【实验内容】

菌丝尖端切割分离技术。

【概述】

分离纯化丝状真菌除单孢分离法之外，还可采用菌丝尖端切割分离法。此法更适用于不形成孢子的丝状真菌。真菌菌丝生长可穿透琼脂培养基，因此，只要将菌丝接种到合适的培养基平板表面，然后在其上覆盖无菌盖玻片，使盖玻片与培养基之间不留空隙，从而抑制气生菌丝的生长，则真菌营养菌丝即可穿透固体培养基在盖玻片四周延伸。在真菌气生菌丝尚未生长前，将平板置光学显微镜下镜检观察（低倍镜），寻找并标记营养菌丝生长稀少的区域，用接种铲将菌丝尖端连同培养基一起切下，移至适合该菌生长的斜面培养基上培养，即可获得纯种。

在培养过程中，可添加适量抗生素，如青霉素、链霉素等，亦可通过调节培养基 pH 值（pH 值 4~5），从而达到抑制细菌生长及污染的目的。

【材料和器皿】

1. 菌种

淡紫拟青霉（*Paecilomyces lilacinus*）。

2. 培养基

1.5%水琼脂、马铃薯葡萄糖琼脂斜面培养基。

3. 仪器和器皿

显微镜、无菌培养皿、无菌盖玻片、无菌薄壁玻璃管、镊子、接种针或接种铲、小刀等。

【操作步骤】

1. 倒平板

溶化无菌水琼脂，待冷却至 50℃ 左右即倒入无菌培养皿中（平板不宜太厚，否则影响透明度)，待凝固。

2. 接菌，覆盖盖玻片

将待纯化的真菌菌丝接种平板上。取无菌盖玻片盖在接菌的部位，用镊子轻轻向下压平后，倒置于28℃恒温箱中培养48h。

3. 镜检、标记

将整个平板倒置于显微镜镜台上，用低倍镜寻找菌丝生长较稀疏的区域，并在待分离菌丝尖端处的皿底外壁上画一方形标记，使欲分离的菌丝尖端正好处在标记内。

4. 移种

用接种铲在标记处铲取琼脂块移至马铃薯葡萄糖琼脂斜面培养基上，经培养后即成为单一菌丝发育成的纯菌种。

【注意事项】

1. 挑取菌丝时要小心，保证挑取的是单菌丝。

2. 及时观察培养菌丝生长状况，以免随培养时间延长，盖玻片周围生长出大量的气生菌丝，从而影响分离操作。

【问题和思考】

菌丝尖端切割分离的原理是什么？此法最适合于分离哪些丝状菌？

实验9　土壤细菌的分离、培养与计数

【实验目的】

利用浇注平板法从土壤中分离目的微生物及计数方法。

【实验内容】

1. 用梯度稀释法稀释样品。

2. 用浇注平板法分离微生物。

3. 学习平板菌落计数技术。

【材料和器皿】

1. 培养基

牛肉膏蛋白胨培养基。

2. 材料

灭菌生理盐水、灭菌吸管、灭菌培养皿、灭菌试管、试管架、土壤样品、天平、称量纸、记号笔。

3. 仪器

恒温箱、超净工作台、摇床。

【概述】

浇注平板法亦称混培法，是常用的菌种分离纯化方法，在初次筛选目的菌株时，可结合平板划线法获得纯培养。该法还可用于样品菌落数量的统计等。浇注平板法通常将待测样品用无菌生理盐水作一系列稀释液，取其中合适稀释度的微量菌悬液加至无菌培养皿中，并立即倒入溶化的固体培养基，经充分混匀后，置适温下培养，即可获得样品中的微生物，统计其种类和数量，可了解样品微生物大体的情况。

土壤中的碳源、氮源等营养物质相当丰富，其水分、空气、渗透压及温度条件为微生物生长发育提供了良好的生活环境，故土壤中还有最丰富的菌种资源库。尽管土壤类型较多，植被亦有不同，但一般来讲，细菌含量最多，其次是放线菌和真菌，再次是藻类。根据样品不同，稀释度可作部分调整。

【操作步骤】

1. 编号

用5ml无菌移液管吸取4.5ml无菌水装入试管，并依次编号。取9套无菌平皿，依次编号 10^{-6}、10^{-7}、10^{-8}。每个浓度重复3次，注意不要打开平皿盖子。

2. 土壤稀释液制备

（1）准确称取样品1g，放入装有99ml无菌生理盐水的三角瓶中，置摇床振荡20min，使微生物细胞分散，静置20~30s，即成 10^{-2} 稀释液。

（2）用1ml无菌移液管吸取 10^{-2} 稀释液0.5ml，移入装有4.5ml无菌水的试管中，并充分混合均匀，即 10^{-3} 稀释液；以此类推，连续稀释，制成 10^{-4}、10^{-5}、10^{-6}、10^{-7}、10^{-8} 等一系列稀释菌液。

3. 混培法操作

将培养基溶化，冷却至45~50℃。取10^{-6}稀释液0.2ml，放至培养皿中，立即倒入冷却后的培养基少量（覆盖住皿底），立即摇匀。将平板快速以顺时针方向旋转，使待测定的细菌能均匀分布，混匀后待凝。10^{-7}、10^{-8}稀释液做法同上。

4. 倒置培养

待平板完全凝固后，倒置于28℃恒温箱中培养。

5. 计数

培养48h后，取出培养皿，选出菌落数在30~300个/皿范围内的各皿，计算每皿的菌落数，并将结果填入表2-1。若同时有两个皿具备上述条件，选择稀释度较大的皿进行计数

【注意事项】

1. 各稀释度菌液移入无菌培养皿内时，要“对号入座”，切莫混淆。

2. 每支移液管或枪头只能接触一个稀释度的菌液试管，每支移液管在移取菌液前，都必须在待移菌液中来回吹吸几次，使菌液充分混匀并让移液管内壁达到吸附平衡。

3. 菌液加入培养皿后，要尽快倒入溶化并冷却至50℃左右的琼脂培养基液，立即摇匀，否则菌体常会吸附在皿底上，不易形成均匀分布的单菌落，从而影响计数。

【结果与分析】

1. 选择刚好能把细菌分开，而稀释倍数最低的平板（一般含菌落30~300个）进行计数，计入表2-1中。

2. 计算每克土样中微生物的数量。根据平皿上菌落数与平皿内土壤悬液的稀释倍数算得每克土壤中微生物的数量。计算公式：活菌数（个/g）=［（$x_1+x_2+x_3$）/3］×5×稀释倍数。

表2-1 土壤细菌的分离数

稀释度	每皿菌落数（个）			平均值
	x_1	x_2	x_3	
10^{-6}				
10^{-7}				
10^{-8}				

【问题和思考】

1. 在测定土壤微生物含量时，除混菌法还可以用什么方法？

2. 菌液样品移入培养皿后，若不尽快倒入培养基并充分摇匀，将会出现什么结果？为什么？

3. 要获得本实验的成功，哪几步最为关键？为什么？

实验 10　平板划线法分离菌种

【实验目的】

了解平板划线分离纯种原理，并熟练掌握该法。

【实验内容】

用平板划线法分离微生物。

【材料和器皿】

1. 菌种及培养基

芽孢杆菌和金黄色葡萄球菌斜面菌种、牛肉膏蛋白胨培养基。

2. 其他

无菌生理盐水、无菌培养皿、接种环、酒精灯、超净工作台、恒温箱。

【概述】

平板划线法是指把混杂在一起的微生物或同一微生物群体中的不同细胞用接种环在平板培养基表面通过分区划线稀释，经培养后由单个细胞生长繁殖成单菌落的方法，通常适用于单细胞微生物的分离纯化，对于真菌等具有菌丝生长的微生物该法并不适合。利用该方法获得的单菌落并非都由单个细胞繁殖而来，故在科学研究中须对单菌落反复分离多次才可获得可靠的纯种。其原理是将微生物样品在固体培养基表面多次作“由点到线”稀释而达到分离目的。

【操作步骤】

1. 制作平板

牛肉膏蛋白胨固体培养基置入电炉加热溶化，待培养基冷却至 50℃左右，按无菌操作法倒2只平板（每皿约15ml），倒置，凝固。

2. 作分区标记

在皿底将整个平板划分成A、B、C、D 4个面积不等的区域。各区之间的交角约120°，以便充分利用整个平板的面积。

3. 划线操作

（1）划A区。选用平整、圆滑的接种环，按无菌操作法挑取少量菌苔。左手持培养皿底，在火焰外焰快速灼烧一圈后，方可打开皿盖。用拇指、食指握住皿盖，其他三指及掌面托住皿底，用拇指和食指打开皿盖，使平板略垂直于桌面，有培养基一面向着酒精灯，右手拿接种环先在A区划3~4条连续的平行线。

（2）划完A区后务必烧掉环上的残菌，以免因菌过多而影响后面各区的分离效果。

（3）划其他区。使B区转到上方，将烧去残菌后的接种环在平板培养基边缘或培养皿盖内侧冷却后，通过A区（菌源区）将菌带到B区，随即划数条致密的平行线。再从B区作C区的划线。最后经C区作D区的划线，D区的线条应与A区尽量平行，但划D区时切勿触A、B区，以免碰触该两区中浓密的菌液带到D区，影响单菌落的形成。划线结束后将平皿在酒精灯灼烧一圈后，用封口膜密封。烧去接种环上的残菌。平板分区及划线见图2-7。

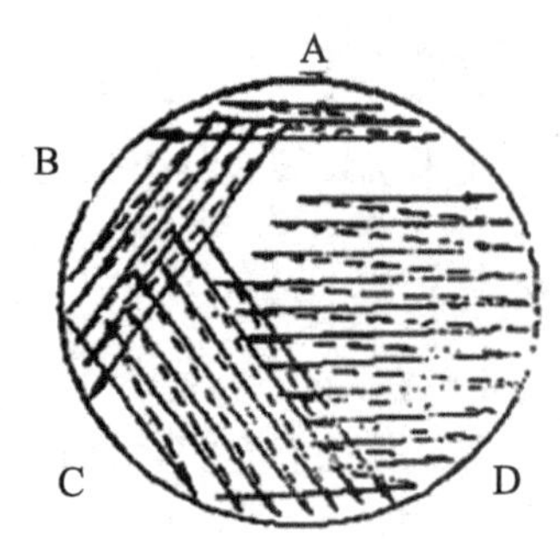

图2-7　平板分区及划线示意图

4. 恒温培养

将划线平板倒置，于37℃（或28℃）培养，24h后观察。

【注意事项】

1. 用于划线的接种环，环口应十分圆滑，划线时环口与平板间夹角易小些，动作要轻巧，以防划破平板。

2. 用于平板划线的培养基，琼脂含量宜高些，否则会因平板太软被划破。

3. 平板不能倒的太薄，最好在使用前1d倒平板。

【结果与分析】

检查每个平板划线分离的结果，绘制菌苔、菌落分布草图，并分析其中原因。

【问题和思考】

1. 用平板划线法进行纯种分离的原理是什么？

2. 为什么在划完 A 区后要将环上的残菌烧死？划后面几区时是否也要经过同样的处理？为什么？

实验 11　水中细菌总数的测定

【实验目的】

1. 学习并掌握水样采集和水样中细菌总数的测定方法。

2. 了解水质状况与细菌数量在饮水中的重要性。

【实验内容】

涂布平板法分离微生物。

【材料和器皿】

1. 培养基

牛肉膏蛋白胨琼脂培养基。

2. 材料

灭菌三角烧瓶、灭菌的带玻璃塞瓶、灭菌培养皿、灭菌吸管、灭菌试管、灭菌涂布棒、无菌水等。

【概述】

水中细菌总数测定是测定水中需氧菌、兼性厌氧菌等异养菌的总数。水中细菌总数可作为判定被检水样被有机物污染程度的标志，细菌数量越多，则水中有机质含量越大，一般是以平板菌落计数法测定水中细菌总数。通常以 1ml 水样在牛肉膏蛋白胨琼脂培养基平板上所生长的细菌菌落数进行计量。我国规定（GB 5749—2006）合格的生活饮用水中细菌总数<100cfu/ml。

【操作步骤】

1. 水样的采取和保藏

（1）自来水。用酒精灯烧灼水龙头嘴 3min，以杀死周围微生物。然后打开水龙头使自来水流 5min 后，再用灭菌三角烧瓶接取水样备用。

（2）池水、河水或湖水。取距水面 10～15cm 的深层水样。先将灭菌的具塞玻璃瓶浸入水中，然后拔出玻璃塞，水即流入瓶中。盛满后，将瓶塞盖好后再从水中取出。水样采集后最好立即测定。

2. 水中细菌总数测定

（1）自来水。

①倾注已溶化并冷却到 45℃左右的牛肉膏蛋白胨琼脂培养基，待凝。

②用灭菌吸管吸取 1ml 水样，轻轻注入无菌平板中央，用灭菌涂布棒进行涂布，做 3 个重复。

③制作空白平板。在空皿中倾注大约同等量的牛肉膏蛋白胨琼脂培养基作空白对照。

④培养。倒置于 37℃培养箱中培养，48h 后进行菌落计数。3 个平板的平均菌落数即为 1ml 水样的细菌总数。

（2）池水、河水或湖水等。

①稀释水样。取 3 支灭菌空试管分别编号 1、2、3，同时分别加入 4. 5ml 灭菌水。取 0. 5ml 待测水样注入 1 号管内摇匀，再自 1 号管取 0. 5ml 至 2 号管，如此稀释到第 3 号管，稀释度分别为 10^{-1}、10^{-2}与 10^{-3}。稀释倍数看水样污浊程度而定，以培养后平板的菌落数在 30～300 个之间的稀释度最为合适。若不符合可以增加稀释或减小稀释倍数。一般中等污染水样，取 10^{-1}、10^{-2}、10^{-3}3 个连续稀释度，污染严重的取 10^{-2}、10^{-3}、10^{-4}3 个连续稀释度。

②自最后三个稀释度的试管中各取 1ml 稀释水加入无菌平板中央，用无菌涂布棒轻轻涂布。倒置于 37℃培养箱中培养 24～48h，进行菌落计数。每一稀释度做 3 个重复。

3. 菌落平板选择及计数方法

（1）先计算相同稀释度的平均菌落数。选择无片状菌苔生长的平板进行计数。若片状菌苔的大小不到平板的一半，而其余的一半菌落分布又很均匀时，则可将此平板一半的菌落数乘 2 以代表全平板的菌落数，然后再计算该稀释度的平均菌落数。用平均菌落数乘以稀释倍数即为该水样的细菌总数。

（2）观察 3 个稀释度平板菌落数，选择平均菌落数在 30～300 个的。若有 2 个稀释度的平均菌落数均在此区间，则按两者菌落总数比值来决定。若其比值小于 2，应采取两者的平均数；若大于 2，则取其中较小的菌落总数，见表 2–2 中的例 2 和例 3。

表 2-2　菌落计数示例表

例次	不同稀释度平均菌落数			两个稀释度菌落数之比	菌落总数（个/ml）
	10^{-1}	10^{-2}	10^{-3}		
1	1 265	153	24	—	1.5×10^4
2	2 687	281	45	45 000/28 100 = 1.6	3.7×10^4
3	2 890	271	60	60 000/27 100 = 2.2	2.7×10^4
4	无法计数	1 850	439	—	4.4×10^5
5	26	15	7	—	2.6×10^2
6	无法计数	305	12	—	3.1×10^4

若 3 个稀释度平均菌落数均大于 300 个，则应选择稀释度最高的平均菌落数乘以稀释倍数，见表 2-2 中的例 4。

若所有稀释度平均菌落数均小于 30 个，则应按稀释度最低的平均菌落数乘以稀释倍数，见表 2-2 中的例 5。

若所有稀释度的平均菌落数均不在 30～300 个之间，且差异较大，则以最近 300 个或 30 个的平均菌落数乘以稀释倍数，见表 2-2 中的例 6。

【注意事项】

水样采集后，应速送回实验室测定，若来不及测定应放在 4℃ 冰箱存放。一般较清洁的水可在 12h 内测定，污水需在 6h 内。

【结果与分析】

1. 按照上述菌落计数法，将其结果记录在表 2-3 中。
2. 你所检测的水源，其污染情况如何？

表 2-3　各样本菌落数

样本	原始菌落数（个）									均数（个）			菌落总数（个/ml）
	10^{-1}			10^{-2}			10^{-3}			10^{-1}	10^{-2}	10^{-3}	
	1	2	3	1	2	3	1	2	3				
自来水													
河水													
池水													
湖水													

实验 12　环境中微生物的检测及菌落观察

【实验目的】

1. 了解空气中微生物的分布状况。
2. 学会用无菌操作倒平板培养基的方法。

【实验内容】

1. 倒平板。
2. 菌落观察。

【材料和器皿】

1. 培养基

牛肉膏蛋白胨琼脂培养基、PDA 培养基、高氏一号琼脂培养基。

2. 器皿

无菌培养皿若干。

3. 其他

三角瓶、无菌棉塞、打火机、酒精灯、接种环、记号笔、标签纸、恒温培养箱及超净工作台等。

【概述】

我们生活的环境中存在着种类繁多、数量庞大的微生物，包括土壤、空气及水体。空气不是微生物栖息的良好环境，但由于气流、灰尘的流动，以及人和动物的活动，仍有大量微生物存在。当空气中个体微小的微生物菌体或孢子落在适合生长繁殖的固体培养基表面时，24h 后即可形成肉眼菌落。观察形态、大小各异的菌落，可大致鉴别空气中存在的微生物种类和数量。

【操作步骤】

1. 倒平板

将培养基加热溶化后，冷却至 50℃左右，倒平板备用。凝固后，在皿盖侧面贴上标签，注明检测类型及日期。

2. 检测方法

（1）空气。打开皿盖，在空气中暴露5～10min，然后盖上皿盖。可选择厕所、教室及草坪等场所。

（2）手指。用未经洗过的手指在平板左半侧划线接种，并在皿底做好记录；用洗手液仔细洗手后，在另半侧做同样的划线接种。培养后，比较平板两侧所形成的菌落或菌苔差异判断手指含菌量。

（3）土壤。采用弹土法接种。土壤晾干后，研磨，取少量细土末撒在无菌滤纸上，弹去纸面大量浮土。打开皿盖，使含土壤微粒的纸面朝向平板，用手指在滤纸背面轻轻一弹即可。

3. 培养

将处理平板置28℃培养箱中，倒置培养，连续观察7d，记录各平板上的菌落数。注意不同类群在菌落出现的顺序及菌落的大小、形状、颜色及干湿等变化。

4. 观察记录

将观察结果记录在表2-4中。

5. 清洗

经观察记录完毕后，将含菌平皿清洗晾干。注意培养基勿丢入清洗池内。

【注意事项】

1. 在无菌操作倒平板过程中，切忌用手碰触锥形瓶瓶口处，以防灼伤手指，污染瓶口，造成操作污染。

2. 为便于真菌菌落的计量，可在PDA培养基中加入0.003%的孟加拉红，抑制菌丝蔓延。

3. 菌落特征指干燥/湿润、大/小、隆/扁、松/密、颜色及构造等。

【结果与分析】

将各类平板的检测结果记录在表2-4中。

表2-4　不同场所菌落特征

检测对象	所用培养基	菌落数（皿）	菌落特征
空气：教室			
空气：厕所			
空气：草坪			

（续表）

检测对象	所用培养基	菌落数（皿）	菌落特征
手指			
土壤			

【问题和思考】

1. 谈谈你对周围环境中微生物的分布、种类及数量的一些粗浅认识。
2. 区别细菌、放线菌及霉菌菌落特征。

实验 13　土壤中解磷细菌的分离

【实验目的】

掌握解磷细菌的分离培养方法，了解筛选培养基在分离解磷细菌中的作用。

【实验内容】

1. 平板制作。
2. 涂布平板法操作技能。

【材料和器皿】

1. 菌源

园土或草坪根际土壤。

2. 培养基

无机磷培养基、牛肉膏蛋白胨培养基。

3. 其他

无菌生理盐水、无菌培养皿、接种环、酒精灯、超净工作台、恒温箱。

【概述】

解磷细菌（Phosphate-solubilizing Bacteria，PSB）是分解有机磷化合物和溶解无机磷化合物的细菌总称。土壤中解磷菌能够通过分泌酸性物质溶解盐碱地中不溶性磷酸钙［$Ca_3(PO_4)_2$］，增加土壤中有效磷的含量，提高植物对磷的吸收利用，对土地改良和作物种植具有积极影响。通常测定解磷菌解磷能力的方法有两种，一是将解磷菌在含有难溶性磷酸盐的固体培养基上，通过菌株在生长过程中产生的透明圈大小判断解磷能力大小，一般来讲，透明圈直径与菌株解磷能力呈正相关，透明圈越大，表明细菌的解磷能力越强；二是进行液体培养，测定培养液中溶解性磷酸盐的含量变化，分析细菌的解磷能力。本实验通过无机磷筛选培养基解磷圈的大小达到初步筛选解磷菌的目的。

【操作步骤】

1. 无机磷液体、固体培养基制作

Pikovaskaia's（PKO）无机磷培养基是常见的解磷细菌的培养基，其配方为：葡萄糖10g、$MgSO_4 \cdot 7H_2O$ 0.03g、NaCl 0.3g、$MnSO_4 \cdot 4H_2O$ 0.01g、KCl 0.3g、$(NH_4)_2SO_4$ 0.5g、$FeSO_4 \cdot 7H_2O$ 0.03g、$Ca_2(PO_4)_3$ 5g、琼脂18g、水1 000ml，pH值7.0~7.5。液体培养基不加琼脂，装三角瓶进行高压灭菌。

2. 土样采集及解磷菌富集

采集土样后，置无菌采样器内保存。准确称取样品1g，放入装有无机磷液体培养基的三角瓶中，进行富集培养。培养温度28℃，转速150rpm/min，连续培养36h后，取菌液进行浓度梯度稀释，根据需要选择稀释度10^{-6}~10^{-8}，备用。盐碱地可适当降低稀释度，可选择10^{-4}~10^{-6}。

3. 涂布培养

将无机磷固体培养基溶化，制作平板。待平板凝固后，取10^{-6}~10^{-8}稀释液0.2ml，放至培养皿中，采用涂布平板法进行涂布培养。

4. 倒置培养

涂布后的平板，标记日期、浓度及采样地，倒置于28℃恒温箱中，培养5~7d，观察是否有解磷圈出现。

5. 菌种纯化

对出现解磷圈的细菌，进行菌种纯化。取一环菌种后，进行平板划线培养，若菌落周围再次出现解磷圈后，即可挑取单菌落转入固体斜面进行保存，用于进一步研究。

【注意事项】

1. 进行平板接种时，涂布平板法每个稀释度需用一个灭过菌的涂布棒，避免交叉感染。

2. 解磷细菌分离纯化操作时，接种环挑取菌落时，应避免其接触其他菌落，只需在菌落表面中央位置轻轻一点即可。

3. 通过解磷圈只能进行定性研究，若要了解解磷能力大小，需要做液体培养，测定发酵液中有效磷的含量。

【问题与思考】

1. 采用PKO培养基，解磷细菌为什么会形成解磷圈？

2. 该实验没有解磷圈的细菌是否可认定为无解磷能力？为什么？

实验14　高效脱酚菌的分离筛选

【实验目的】

学习并掌握从生境中分离筛选目的微生物的方法。

【实验内容】

采用涂布平板法，利用筛选培养基分离脱酚菌。

【材料和器皿】

1. 培养基

牛肉膏蛋白胨培养基。

脱酚菌富集、分离培养基：蛋白胨0.5g，$K_2HPO_4$0.1g，$MgSO_4$0.05g，蒸馏水1 000ml，调pH值7.2~7.4，固体培养基添加1.3%琼脂粉。

2. 试剂

（1）苯酚标准溶液。称取分析纯苯酚1.0g，溶于蒸馏水中，稀释至1 000ml，摇匀。此溶液每毫升含苯酚1mg。取此溶液10ml，移入另一100ml容量瓶，用蒸馏水稀释至刻度，摇匀。用K_2CrO_4标准溶液对此溶液的酚浓度进行标定。

（2）四硼酸钠饱和溶液。称取$Na_2B_4O_7$ 40g，溶于1L热蒸馏水中，冷却后使用，此溶液pH值为10.1。

（3）3% 4-氨基安替比林溶液。称取分析纯4-氨基安替比林3g，溶于蒸馏水，并稀释至100ml，置于棕色瓶中，冰箱保存，可用两周。

（4）2%过硫酸铵溶液。取化学纯过硫酸铵2g，溶于蒸馏水，并稀释至100ml，冰箱保存，可用两周。

3. 仪器

恒温振荡器、恒温培养箱、离心机、分光光度计。

4. 其它

玻璃珠、锥形瓶、培养皿等。

【实验原理】

环境中存在着各种各样的微生物，其中某些微生物以有机污染物作为其生长所需的能源、碳源或氮源，从而使有机污染物得以降解。在工业废水的生物处理中，对污染成分单一的有毒废水常可选育特定的高效菌种进行处理。这些高效菌具有处理效率高、耐受毒性强等优点。本实验在以苯酚为唯一碳源的培养基中，经富集培养、分离纯化、降解实验等，可筛选出高效脱酚菌。

其中，酚浓度的测定采用4-氨基安替比林法。其基本原理：4-氨基安替比林和酚类化合物在碱性溶液中和氧化剂铁氰化钾作用下，生成红色的安替比林染料，与标准管比色，可测出水样中酚的含量。生成的色度在水中可稳定约30min，在波长510nm处比色测定。本法最低检出浓度为0.1mg·L^{-1}。

【操作步骤】

1. 采样

为了获得酚分解能力较强的菌种，可在高浓度含酚废水流经的场所采样。如排放含酚废水下水道的淤泥、沉渣等，在这些地方分离获得的微生物往往降解酚能力较强。

2. 富集培养

将样品置于装有玻璃珠的50ml液体培养基并加有适量苯酚的三角瓶中，30℃振荡培养。待菌生长后，用无菌移液管吸取1ml转至另一个装有50ml液体培养基并加适量苯酚的三角瓶中。如此连续2~3次，每次所加的苯酚量适当增加，最后可得脱酚菌占绝对优势的混合培养物。

3. 平板的分离和纯化

（1）用无菌移液管吸取经富集培养的混合菌液0.1ml，注入9.9ml无菌水中，充分混匀，并继续稀释到适当浓度。

（2）取最后3个稀释管，分别自各管中吸取稀释菌液，滴一滴（约0.05ml）于固体平板（倒平板时添加适量的酚，最终酚浓度为50mg/L左右）中央，每个稀释度做2~3次重复。

（3）用无菌玻璃刮棒把滴在平板上的菌液推平，盖好皿盖。室温放置，待接种菌液被培养基吸收后，倒置于30℃恒温箱，培养1~2d。

（4）挑选不同形态的菌落，在含适量酚的固体平板上划线纯化。平板倒置于30℃恒温箱，培养1~2d。

4. 转接斜面

将纯化后的单菌落转接至补加适量酚的试管斜面，30℃恒温箱培养24h 。

5. 降解实验

用接种环取各斜面菌苔一环，分别接种于100ml营养肉汤液体培养基中，振荡培养至对数生长期（30℃，16~24h），在培养物中加入少量浓酚液，使培养液内酚浓度达到10mg/L左右，进行酚分解酶的诱发；继续振荡培养2h后再次加入浓酚液，使培养液酚浓度提高到50mg/L左右，继续振荡培养4h。

6. 测定含酚量

取经降解的培养液，10 000rpm/min离心10min，取上清100μl加入到10ml的试管中，加蒸馏水到5ml，加100μl 0.5mol·L^{-1}的氨水，50μl的2%的4-氨基安替比啉，混匀，再加入50μl的8%的铁氰化钾溶液混匀，15min后，在510nm处测吸光度。

7. 计算酚含量，并算出酚的去除率

酚（mg·L^{-1}）=从标准曲线上查得的酚（mg）×1 000/V

式中，V：样品体积。

细菌脱酚率（%）=（培养前酚浓度-培养后酚浓度）/培养前酚浓度-酚挥发率

【注意事项】

为了高效筛选出目的细菌，可选择在高浓度含酚废水流经的场所采集样品。

【问题和思考】

筛选培养基苯酚的作用是什么？耐酚细菌在平板上的菌落特征？

实验15　溶藻细菌的分离与筛选

【实验目的】

学习从水体环境中分离目的微生物的方法。

【实验内容】

共培养分离溶藻菌。

【材料和器皿】

1. 材料

铜绿微囊藻（*Microcystis aeruginosa*）、牛肉膏蛋白胨培养基、BG11 培养基（表 2-5、表 2-6）。

表 2-5　BG11 培养基配表

试剂	浓度（g/L）
$NaNO_3$	1.5
$K_2HPO_4 \cdot 3H_2O$	0.04
$MgSO_4 \cdot 7H_2O$	0.075
$CaCl_2 \cdot 2H_2O$	0.036
Citric acid	0.006
Ferric ammonium citrate	0.006
EDTA（dinatrium-salt）	0.001
$NaCO_3$	0.02
A_5+Co. 溶液*	1ml
Distilled water	999

表 2-6　A_5+Co. 溶液的组成

试剂	浓度（g/L）
H_3BO_4	2.86
$MnCl_2 \cdot H_2O$	1.81
$ZnSO_4 \cdot 7H_2O$	0.222
$CuSO_4 \cdot 5H_2O$	0.079
$NaMoO_4 \cdot 2H_2O$	0.390
$Co(NO_3)_2 \cdot 6H_2O$	0.049

2. 仪器或其他用具

光照培养箱、水浴振荡摇床、培养瓶、锥形瓶、移液管等。

【概述】

溶藻微生物是指能通过直接或间接的方式，抑制或溶解藻体细胞的一类微生物的统称，包括细菌、真菌、病毒以及原生动物等类群。其中溶藻细菌包括真细菌、放线菌和螺旋体等。从发生水华的水体或底泥中进行富集培养后，与铜绿微囊藻共培养，从发生黄化的藻液中取样，通过划线分离法或涂布平板法即可得到目的菌。

【操作步骤】

1. 水体细菌的富集与培养

采集污染水样或底泥，取 1ml 污水（底泥 1g）加入到牛肉膏蛋白胨液体培养瓶中，进行摇床培养，培养温度 28℃，振幅 150rpm/min，连续培养 48h。

2. 藻种培养

铜绿微囊藻藻种接种于 BG11 培养基中，250ml 组培瓶进行培养，培养温度 26℃，光照 800lx，光暗周期 12h/12h，培养至对数期备用。

3. 共培养

取富集的菌体培养液，以菌藻体积比 1：100~4：100，接入培养至对数期的铜绿微囊藻培养瓶中进行共培养，培养条件同藻种培养。连续观察 3d，将已发生黄化的藻液作为分离溶藻菌的来源。

4. 涂布培养

取 1ml 黄化藻液，经系列稀释后进行涂布培养，培养基采用牛肉膏蛋白胨培养基，于 28℃培养，对各单个菌落进行纯化获得初选菌种。

5. 复选

将初选菌种接种于液体牛肉膏蛋白胨培养基进行扩大培养，48h 后，以 1：100~3：100 的体积比加入对数生长的铜绿微囊藻培养液中。连续接种多次后，皆导致藻液发生黄化的菌种被认为是溶藻菌，将筛选菌种进行编号，置于 4℃冰箱保存。

【注意事项】

1. 制备的浓度梯度不能过高，也不能过低，可多做几个稀释度进行菌种分离。

2. 初选菌种不能混有杂菌，若不纯，可通过平板划线法进行菌种纯化。

3. 溶藻实验过程中，应预先测试添加牛肉膏蛋白胨培养基对蓝细菌生长的影响，消除培养液本身对蓝藻影响，确定培养液的添加比例，添加量以1%~3%为宜。

【问题和思考】

1. 分离溶藻细菌时，为什么要进行富集培养？有哪些措施比较容易获得目的菌？

2. 该种方法是否可分离溶藻放线菌？

实验16 好氧纤维素降解细菌的分离与纯化

【实验目的】

掌握好氧纤维素降解菌的培养基配方，并利用单孢分离法获得纯种。

【实验内容】

1. 筛选培养基的制作。

2. 单孢分离技术。

【材料和器皿】

1. 培养基及试剂

①富集培养基：KH_2PO_4 2g、$(NH_4)_2SO_4$ 1.4g、$MgSO_4\cdot7H_2O$ 0.3g、$CaCl_2$ 0.3g、$FeSO_4\cdot7H_2O$ 0.005g、CMC-Na 5g、葡萄糖 2.5g、蛋白胨 1g、蒸馏水 1 000ml；②筛选培养基：CMC-Na 5g、KCl 0.5g、$FeSO_4\cdot7H_2O$ 5g、KH_2PO_4 0.5g、$MgSO_4\cdot7H_2O$ 0.3g、$NaNO_3$ 3g、琼脂 18g、蛋白胨 1g、蒸馏水 1 000ml；③赫奇逊无机盐培养基：KH_2PO_4 1.0g、$MgSO_4\cdot7H_2O$ 0.3g、$FeCl_3$ 0.01g、$CaCl_2$ 0.1g、NaCl 0.1g、$NaNO_3$ 2.5g、琼脂 18g、蒸馏水 1 000ml；④保藏培养基：牛肉膏蛋白胨培养基。

2. 样品采集

自然发酵的玉米秸秆，置4℃冰箱保存。

3. 仪器及其他

摇床、培养箱、显微镜、血细胞计数板、厚壁磨口毛细滴管（自制）、4%水琼脂、玻璃管、培养皿、乳胶管、脱脂棉、三角瓶、移液管及记号笔、1mol/L 的 NaCl、1mg/ml 的刚果红染液、脱淀粉滤纸条。

【概述】

纤维素是地球上最大的可再生资源，是自然界中分布最广，含量最多的一种复杂的多糖，经纤维素降解菌降解后，转化得到的小分子多糖可以进一步发酵生成乙醇等生物燃料，从而减轻化石燃料对环境的负面影响，对维持生态平衡也有着重要的意义。

纤维素降解菌广泛存在于自然界中，可自土样或腐烂的植物茎秆上进行筛选，亦可从食用纤维素的动物的粪便中进行取样。

【操作步骤】

1. 富集培养

将50ml 富集培养基分装于250ml 三角瓶中加压灭菌备用。取样品1g 置于其中，28℃、200r / min 振荡培养48h。

2. 筛选培养基平板制作

将筛选培养基倒入无菌平皿内制成平板。

3. 稀释液制备

将富集后的培养液按 10^{-1}、10^{-2}、10^{-3}、10^{-4}、10^{-5}做梯度稀释。

4. 涂布平板法分离目的菌

取稀释倍数最大的3个稀释菌液涂布上述平板，待菌落长出后，用1mg /ml 的刚果红染液染色15min，再用1mol /L 的 NaCl 脱色25min。测量水解圈大小和菌落直径，计算水解能力，最后根据透明圈的大小选取高产酶菌株。

5. 平板划线法纯化菌株

挑选透明圈较大的纤维素降解菌进行平板划线，28℃倒置培养，直到获得单菌落为止。

6. 保藏

将上述单菌落接入牛肉膏蛋白胨培养基斜面培养，同时进行编号，48h 后待筛选菌株生长后放入4℃冰箱保藏。

7. 滤纸的降解

（1）赫奇逊培养基平板的制作。将溶化的培养基倒入培养皿内，凝固后在琼脂平板表面放置一张无淀粉滤纸（滤纸用1%醋酸浸泡24h，用碘检测无淀粉后用2%苏打水冲洗至中性，晾干），用刮刀涂抹滤纸表面使其紧贴培养基表面。

（2）接种培养。将前期分离获得的目的菌活化后发酵培养，按3%接种量接种入上述培养平板上。将培养皿置于恒温箱中连续培养 30d，观察滤纸上有无微生物生长和滤纸是否被分解，确保纤维素降解菌株的筛选阳性率。

【注意事项】

目的菌株注意不要混合杂菌，做好保种。

【问题与思考】

筛选纤维素降解菌时一般需进行验证，为什么？

实验 17　石油烃降解菌的分离、筛选与驯化

【实验目的】

学习从生境中分离目的菌株及其驯化。

【实验内容】

1. 石油烃降解菌培养基的制作。
2. 目的菌株的效果测试与驯化。

【材料和器皿】

1. 培养基

筛选培养基、富集培养基、牛肉膏蛋白胨培养基。

（1）选择性液体培养基配方。NH_4NO_3 0.3%、KH_2PO_4 0.05%、K_2HPO_4 0.05%、$MgSO_4$ 0.02%、微量元素液 1ml，pH 值 7.0~7.2。

（2）微量元素液配方。$MgSO_4$ 0.4%、$CuSO_4$ 0.1%、$MnSO_4$ 0.1%、$FeSO_4 \cdot 7H_2O$ 0.1%、$CaCl_2$ 0.1%。

（3）选择性固体培养基。选择性液体培养基中加入 18%~20%的琼脂粉。

（4）富集培养基。葡萄糖 0.3%、NH_4NO_3 0.3%、KH_2PO_4 0.05%、K_2HPO_4 0.05%、微量元素液 1ml，pH 值 7.0~7.2。

2. 样品采集

石油污染区土样。

3. 器皿

培养皿、脱脂棉、三角瓶、移液管及记号笔等。

【概述】

在石油的大规模开采、冶炼、运输、使用和处理过程中，污染、遗漏、井喷、输油管道泄漏等事故频发，导致土壤污染，对生态环境、食品安全和人体健康构成严重威胁，成为困扰环境领域重要的社会与环境问题。因此，对石油污染土壤进行修复，恢复其生态功能迫在眉睫。微生物的生物降解作用已成为消除环境中石油污染的主要机制，石油污染生物治理技术由于生产费用低和不产生二次污染，是一项极有发展前景的新技术。筛选对石油烃各组分具有较好降解能力的菌株，有利于土壤中石油烃的充分降解，达到土壤修复的目的。

【操作步骤】

1. 菌种的富集培养

在250ml广口三角瓶中加入100ml筛选培养基，121℃灭菌20min，移至超净台冷却后，取2g左右石油烃污染区的土样加入其中，置30℃，150rpm/min摇床培养5d。培养结束后，取2ml的菌液移至100ml富集培养基中，棉塞封口，30℃，150rpm/min摇床培养5d。

2. 菌种的筛选

将溶化好并冷却至45~50℃的选择性固体培养基注入灭菌的培养皿中冷却凝固，取100g/kg的石油烃二氯甲烷溶液300ml（石油烃配比以汽油：柴油体积比为1：1来模拟石油烃），均匀涂布其上，待二氯甲烷挥发后倒置培养皿，并除去培养皿表面的凝结水。平板放于培养箱内24h后，经检查确定无菌污染方可使用。该平板即为以石油烃为唯一碳源的选择性固体培养基。取1ml培养后的菌液以生理盐水稀释成10^{-5}、10^{-6}、10^{-7}，吸取0.5ml均匀涂布于该选择性固体培养基平板上，每个浓度重复4次，将平板置于35℃的恒温培养箱内培养3~5d，生长出来的菌即为降解石油烃的菌种。

3. 菌种的驯化

由于筛选得到的天然菌种对石油烃的降解效率不高，可对其进行驯化。具体做法是：在选择性液体培养基中加入300mg/kg的石油烃。由于石油烃的水溶性较低，可采用二氯甲烷做增溶剂，配制石油烃含量为10%的二氯甲烷溶液，将该溶液加入到100ml选择性液体培养基中，使石油烃含量达到300mg/kg。加入初选菌种，30℃，150rpm/min恒温水浴培养7d。培养结束后取2ml菌液移入石油烃含量为500mg/kg的选择性液体培养基中继续培养，如此逐步提高培养基中石油烃的含量，直至石油烃含量高达15 000mg/kg。

4. 菌种保存

驯化结束后，采用混培法或划线法将菌种进行纯化，挑取纯化菌落置于牛肉膏蛋白胨斜面培养 2d 后，4℃冰箱保存。

【问题与思考】

筛选的目的菌株为什么需进行驯化?

实验 18　蓝藻的分离、培养与保存

【实验目的】

学习并掌握水体中蓝细菌的分离及培养方法。

【实验内容】

1. 蓝细菌培养基制作。
2. 蓝细菌的分离方法。

【概述】

从天然水域的混杂生物群中，用一定方法把所需藻类个体分离出来，获得纯种培养，这种方法称为藻种分离和纯化，又称纯培养法。藻类的分离方法是为了提供纯种藻，作为基础和应用研究的材料，同时也是开展藻类增长潜力实验（简称 AGP 实验）不可缺少的手段之一。真正的“纯种培养”是指在排除包括细菌在内的一切生物的条件下进行的培养。这是进行科学研究不可缺少的技术，而在生产性培养中不排除细菌的称之为“单种培养”。要想从水体中分离出实验所需的纯种藻必须经预备培养、藻种分离、纯种培养、保种这 4 个步骤。

【材料和器皿】

1. 材料

琼脂培养基（200ml 培养基加入 0. 5g 琼脂）。

2. 器皿

培养皿、三角瓶、移液管及记号笔等。

【操作步骤】

1. 固体培养基法

（1）半固体稀释平板法。将待分离的材料用无菌水作浓度梯度稀释，然后分别取不同稀释液 1~2ml，与已溶化并冷却至 35℃左右的琼脂培养基 200ml 混合，摇匀后，倾入灭过菌的培养皿中，待琼脂凝固后，置 26℃培养箱中培养一段时间。在平板表面或者琼脂培养基中挑取分散的单个藻种，重复以上操作数次，便可得到纯的单种藻。

（2）涂布平板法。常用的纯种分离方法是涂布平板法。其做法是先将已溶化的培养基倒入无菌培养皿中，冷却后将一定量（如 200μl）的某一稀释度的样品悬液滴在平板表面，再用无菌玻璃涂棒将藻液均匀分散至整个平板表面，经培养后挑取单个藻株。

（3）平板划线分离法。用接种环沾取少许待分离的材料，在无菌平板表面进行平行划线、扇形划线或其他形式的连续划线，微生物细胞数量将随着划线次数的增加而减少，并逐渐分散开来，经培养后，可在平板表面得到单菌落。

2. 藻种培养

将确定为单种藻并且达到对数生长期的蓝藻移进 13 号（112μm）浮游植物网，用无菌水洗净后，移到试管中，用 50W 超声波处理 30s，将群体打碎，再按照上面的分离纯化方法进行操作，直至得到无菌株。

3. 保种

为了保证分离出来的单细胞藻种的成活，需定期将它移入新的培养液中，待藻种在新的培养液中长成后，便可将它放在低温、弱光下保存。保种时需要注意防止藻液污染。通常用液体培养基保存藻种，接种一次只能保存 1~2 个月，而用固体培养基保存藻种接种一次可以保存半年到一年。保种用的固体培养基的营养物浓度应高于液体培养液，一般可增加 1 倍。琼脂量为 1%~1.5%，而且现在对于藻类也可适当的减少琼脂量，使其制成半固体培养基，实践中也获得不错的效果。

【注意事项】

采用稀释倒平板法时，注意平板不宜过厚，以免好氧的藻类生长不良。

【问题与思考】

请叙述分离蓝细菌常用的方法。

实验 19　蘑菇菌种分离与培养技术

【实验目的】

1. 了解食用菌菌种的采集和分离技术。
2. 熟练掌握食用菌菌种的分离和制种的操作方法。

【实验内容】

蘑菇菌种的分离。

【概述】

蕈菌是一类营养丰富的大型真菌，种类繁多，广泛分布在森林落叶地带，很多品种已被人类广泛种植。蕈菌在生长发育过程中具有形态结构完全不同的两个阶段——菌丝体与子实体。其有性孢子担孢子在适宜条件下发育为单核菌丝，称一级菌丝体。一级菌丝经同宗配合形成二级菌丝，并通过锁状联合方式进行生长，为进行有性生殖、核配形成担子打下基础。二级束状气生菌丝体再扭结分化为各种菌丝束，常称其为三级菌丝；部分菌丝束再逐渐形成菇蕾，然后再分化、膨大成大型子实体，即通常所说的各种类型的蘑菇。

食用菌菌种来源，可向有关菌种保藏中心或生产单位购买，亦可从自然界采集新鲜的食用菌进行分离，这是培养新发现蕈菌的主要方法。分离法主要有孢子分离、组织分离及菇木菌丝分离等，其中最简便有效的方法是组织分离，这种方法成功率高，菌种质量也好。在分离前，首先需熟悉欲采集的食用菌的形态特征及生态环境，并作详细记录，然后再带回实验室进行分离和鉴定。

【材料和器皿】

1. 菌种

林地落叶地蕈菌子实体。

2. 培养基

马铃薯葡萄糖琼脂培养基（PDA）、食用菌制种的营养原材料等。

3. 器皿

光学显微镜、载玻片、盖玻片、镊子、无菌培养皿、无菌纸袋、小铲刀、单面刀片等。

4. 试剂

0.1%升汞、75%乙醇等。

【操作步骤】

1. 采集菌样

用小铲将子实体周围的土挖松，然后将子实体连带土层一起挖出，注意勿用手拔，以免损坏其完整性。装入无菌纸袋，带回实验室。

2. 子实体消毒

在超净工作台将带泥部分的菌柄切除，如菌褶尚未裸露，将整个子实体浸入0.1%升汞液中消毒2~3min，再用无菌水漂洗3次。如菌褶已裸露，只能用75%乙醇擦菌盖和菌柄表面2~4次，杀死附着的菌群及尘埃。

3. 收集孢子

（1）放置三角菇架。先将不锈钢三角菇架消毒，然后将消毒后的菌盖垂直放在三角菇架上。

（2）放入无菌罩内。将载有菌盖的三角菇架放到垫有无菌滤纸的培养皿内，置入无菌罩内（图2-8）。

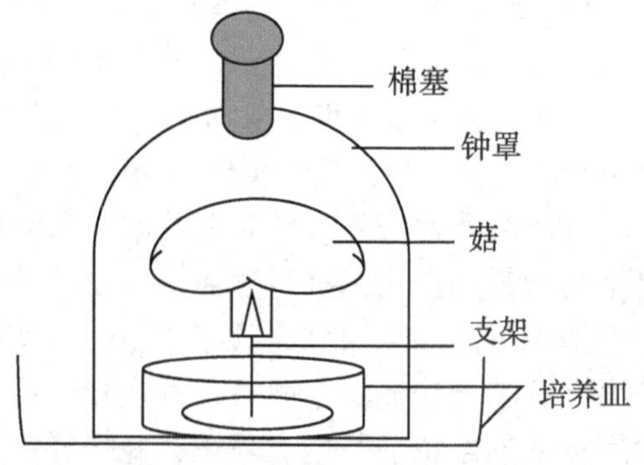

图2-8　蘑菇孢子收集装置示意图

（3）培养与收集孢子。将上述装置放在合适温度下，让其释放孢子。不同菌种释放孢子的温度稍有差异。在合适温度下子实体的菌盖逐渐展开，成熟孢子即可掉落至培养皿内的无菌滤纸上。

4. 获取菌种

（1）制备孢子悬液。灼烧接种环灭菌，然后沾少量无菌水湿润菌环部分，再用环沾少量孢子移至含有无菌水的试管中，制成孢子悬液。

(2) 接种至PDA斜面。挑1环孢子悬液接种到马铃薯斜面培养基上，即在斜面上作“Z”形划线制备斜面菌种。

(3) 培养与观察。置于25℃培养箱中培养4~5d，待斜面上布满白色菌丝体后即可作为菌种进行扩大培养与使用。

(4) 单孢子纯种斜面。若要获取单孢子纯菌落，可取上述孢子悬液100μl置于马铃薯葡萄糖琼脂平板上，用涂布棒均匀涂布于整个平板上，经培养后，选取单菌落移接至斜面培养基上即可获得由单孢子得来的纯菌斜面。

(5) 组织分离法。从消毒的菌盖或菌褶部分切取一部分子实体组织，移至马铃薯葡萄糖斜面培养基上，经培养后在菌块周围就会长出白色菌丝体。待菌丝布满整个斜面后即可作为菌种，整个过程中要注意无菌操作，防止杂菌污染。

【注意事项】

1. 用升汞消毒后的子实体上所残留的溶液必须及时漂洗掉，否则会抑制菌丝体的生长。

2. 培养好的菌种要放在凉爽、干燥、清洁与避光处，及时使用以防菌种老化。

【问题和思考】

食用蘑菇菌种制备过程中需注意哪些问题?

实验20 拮抗性放线菌的筛选法

【实验目的】

1. 了解拮抗性放线菌的筛选原理和方法。
2. 掌握抗生素的抗菌谱测定的操作步骤和方法。

【实验内容】

1. 拮抗菌的筛选。
2. 抗菌谱的测定方法。

【概述】

某些微生物能够产生抗生素，可抑制或杀死其他种类的微生物，这种现象称为拮抗。利用微生物之间的拮抗作用可筛选拮抗菌，将含有抗生菌菌落的琼脂圆柱块放到含有敏感菌的平板上，经培养一段时间后，根据有无抑菌圈及抑菌圈的大小就可判断某菌株是否产生抗生素及其强弱。

抗生素产生菌的初筛常以各种具有代表性的非致病菌作为受试菌种。在农用抗生素的筛选中，由于其对象是植物病原致病菌，它们一般对人、畜无直接危害，可直接使用植物致病菌作为筛选时的敏感菌。

放线菌是拮抗素的主要产生菌。土壤中放线菌种类很多，含量也最为丰富。筛选时可根据其菌落形态特征多挑选一些不同类型的放线菌，这样既扩大挑选菌株的数目，又可避免相同菌株不必要的重复。

【材料和器皿】

1. 供试敏感菌株

见表 2-7 所列菌株。

2. 筛选测试菌株

土壤若干份、放线菌若干株。

3. 培养基

高氏一号琼脂培养基、牛肉膏蛋白胨琼脂培养基等。

4. 器皿

培养皿、移液枪、无菌枪头、试管、三角瓶、量筒、盛有玻璃珠的三角瓶、研钵、涂布棒、载玻片及盖玻片等。

5. 其他

台秤、采土纸袋（或玻管采样管）、牛津小杯、滤纸片、镊子等。

【操作步骤】

1. 土样采集和保存

（1）采集土样。放线菌以干燥、偏碱、有机质丰富的土壤中居多。选定采土地点后，先铲去 5~10cm 表土层，采集数 10g 土样于无菌纸袋内，并标明采样日期、地点、植被及采样者等信息。若是潮湿污泥样品，则可装入塑料袋和铝盒内，或采用玻管法采集土样。

（2）土样保存。袋装土样应及时分离筛选，若不能及时分离，将土样放置通风干燥处，风干后保存备用，但也不宜保存太长时间。玻管法采集的土样，可作短期保存，不必风干。需将试管塞上橡皮塞，保持玻管内土样原有湿度，菌相变化不大。

2. 分离和培养

（1）弹土法。土样风干→研钵中研碎→撒布在无菌硬纸片上→倾去多余土样→打开平板皿盖→用手指弹拨硬纸片背面（使纸片含菌面保持在平板上方）→盖上皿盖置28℃培养→待出现菌落后，挑取放线菌单个菌落→平板划线法分离纯化→挑取纯菌落移接斜面→28℃培养。

（2）稀释法。湿土（或风干土）样品5g→加入含45ml无菌水的三角瓶中→充分振荡后自然沉淀→吸取上清菌悬液1ml至含9ml无菌水试管中→依次作10倍系列稀释至适宜浓度（通常至10^{-5}~10^{-3}）→吸0.1ml菌悬液至待分离的平板表面→涂布均匀→28℃培养后分别挑取单菌落→平板划线法进一步分离纯化→将单菌落移至斜面试管内→将纯种斜面置于28℃下培养7~14d后，统一登记编号，以供分类鉴定和筛选抗生菌用。

3. 抗生菌株的筛选

拮抗性放线菌菌株的挑选通常根据其形态特征进行选择。一般来说，链霉菌属菌落的形态较大，气生菌丝和孢子丝都比较丰茂，色泽也多样化；小单孢菌属、诺卡氏菌属和游动放线菌属等的菌落形态小，常呈无气生菌丝的光秃型，又因色泽较鲜艳，故易被误认为是细菌而将其遗漏，但从中也常能获得分泌新抗生素的有效菌株。

4. 放线菌抗菌谱的测定

（1）供试敏感菌的培养与制备见表2-7。

表2-7　供试敏感菌培养条件

代表菌	培养条件	培养基	所属类别
枯草芽孢杆菌	28℃，2d	蛋白胨-酵母汁琼脂培养基	G^+杆菌
金黄色葡萄球菌	37℃，18~24h	牛肉膏蛋白胨培养基	G^-球菌
大肠埃希氏菌	37℃，18~24h	牛肉膏蛋白胨培养基	G^-肠道杆菌
白假丝酵母	28℃，48h	沙保氏（Saburaud）培养液	酵母型真菌
草分枝杆菌	28℃，48h	天门冬素-甘油-牛肉汁液体培养基	结核分枝杆菌
灰棕黄青霉和黑曲霉	28℃，5~6d	马铃薯葡萄糖琼脂培养基	丝状真菌

待培养后，用无菌生理盐水制备成菌悬液，稀释成适宜浓度备用。

（2）抗菌活性的测定。

①琼脂块法。将被测放线菌菌株制备成悬液，稀释至适宜的浓度后涂布平板，培养2~3d后用无菌打孔器将各小菌落琼脂块打下，并移至湿室中培养成熟，然后再移至含敏感菌平板上测定各自抑菌圈的大小。

②发酵液法。将被测放线菌菌株分别接入三角瓶（装量25ml/250ml锥形瓶），置28℃振荡培养5~7d，用滤纸过滤去除菌丝体，滤液待测，即将发酵液加入牛津小杯中或用6~8mm滤纸片（预先灭菌）均匀的吸足发酵液后，放在含敏感菌的平板上，培养后测定各抑菌圈的大小。

（3）抗菌谱的测定。

①琼脂块测定法。待琼脂块上的单菌落充分分泌拮抗物后移至含各种供试菌的不同平板培养基表面，在适宜于供试菌生长的温度下培养18~24h或4~5d取出平板，观察抑菌圈并测定其直径。

②平板划线测定法。将抗生菌接种在平板的一侧（近平板边缘处划一直线），把平板放在适宜抗生菌生长的温度下培养一定时间后在划线处即可长出一条菌苔，而且它所产生的抗生素就从菌苔向外扩散，然后在该平板上再接种上各种供试菌。其接种方法是：从抗生菌菌苔的边缘向外划若干条垂直于抗生菌菌苔的平行线，每供试菌接一条线。因此，一个平板可接若干个供试菌。然后将平板置于37℃条件下培养18~24h后取出观察结果。根据抑菌带的有无及长短，即可初步判断该抗生菌的抗菌谱和抑菌效能。

经初筛得到的抗生菌菌株可接种摇瓶进行培养，然后取发酵液，用牛津小杯或滤纸片法测定抑菌圈的大小，从中选出抑菌力强的抗生菌菌株。

【注意事项】

供试菌株要纯，实验中切勿污染以免影响对结果的判断与分析。

【问题和思考】

筛选拮抗性放线菌一般有哪些步骤？如何确定抗菌谱？

实验 21　高活性絮凝菌的分离及复合菌种选育

【实验目的】

从污泥中分离筛选絮凝菌株。

【实验内容】

絮凝菌的分离筛选及效果鉴定。

【概述】

近年来，随着生物技术的发展，出现了一类絮凝剂——微生物絮凝剂（microbial flocculants，MBF）。这是一类微生物或由微生物代谢产生的各种多聚糖类、蛋白质或是蛋白质和糖类参与形成的高分子化合物，也称微生物絮凝剂，这也是一种新型、高效、廉价、无毒和无二次污染的水处理剂，它不仅能快速絮凝各种颗粒状物质，尤其在废水脱色、高浓度有机物去除等方面有独特效果。多种微生物组成复合菌群后，通过共生、协同作用所产絮凝活性将会比单一菌株所产絮凝效果更好，且对环境变化的适应性也更强。

【材料和器皿】

1. 菌株来源

活性污泥。

2. 培养基

牛肉膏蛋白胨培养基。

3. 仪器与设备

恒温摇床、隔水式恒温培养箱、全自动数显式高压汽灭菌器、数显酸度计、720 型分光光度计。

【操作步骤】

1. 样品的预处理及富集培养

将样品用搅拌器快速搅拌 10min，静置后用滤纸过滤，收集滤液。取一定量的收集滤液，分别接种到上述灭菌后的液体培养基内，在 30℃，150rpm/min 的条件下振荡培养 48h。

2. 平板分离纯化及发酵培养

将富集培养后的样品进行梯度稀释，分别涂布培养基平板上，于28℃下培养72~96h，之后挑取各培养基平板上的典型菌落，采用划线或是梯度稀释法纯化，得到不同的纯种菌株。将纯化的各菌株分别挑取一环，接种于50ml相应的液体培养基中，30℃，150r/min 培养48h。

3. 初筛和复筛

初筛方法如下：50ml量筒内加入0.2g高岭土，1ml 1%的$CaCl_2$溶液，1ml发酵液，然后加水至50ml，摇匀静止15min，同时以不加菌的培养基的高岭土悬浊液为对照，以絮凝矾花出现的快慢和沉降速度来进行初筛，目测找出絮凝效果较好的菌。

复筛通过混凝杯罐实验来测定絮凝剂的絮凝效果，采用5g/L高岭土悬浊液作为实验水样。具体过程是：在1 000ml待测水样中，按照顺序投加生物絮凝剂培养液4ml和助凝剂10%$CaCl_2$ 4ml，然后用2mol/L的NaOH溶液调节水样pH值至7.5。同时，以相同条件下不添加任何絮凝剂的水样作为空白对照。采用六联的混凝搅拌仪，分两段式搅拌。第一段为160rpm/min、60s；第二段为40rpm/min、150s。搅拌完成之后，静止沉淀20min。以不加絮凝剂的高岭土悬浊液为对照，注射器吸取上清液液面下1~2cm处液体在550nm测其吸光度值OD。

絮凝效果用絮凝率（Flocculating efficiency）进行表征，表示投加絮凝剂前后水样中悬浮物去除率，其计算公式如下：

$$\mu\ (\%) = (A-B)\ /A\times 100$$

式中，A：空白水样上清液的浊度；B：待测水样上清液的浊度；μ（絮凝率）：投加絮凝剂前后，水样中悬浮物去除率。

4. 复合菌种的确定

选取絮凝活性在60%以上的6~8株细菌，于相应的液体培养基中培养24h，取1ml各菌悬液按等体积进行复配，于30℃，150rpm/min液体发酵培养48h，并测定复合菌体发酵液对高岭土悬浊液的絮凝率，选取最优组合。

【注意事项】

1. 本实验针对高岭土悬液的絮凝效果的测定。在筛选絮凝菌时，可根据待处理的废水类型进行初筛，如养殖废水或是采油废水等。

2. 富集培养基及发酵培养基配方可根据需要适当添加葡萄糖和酵母膏。

3. 一般的絮凝菌菌落特征具有以下特点：菌落半透明、浅乳白色、边沿及表面光滑、圆形、微隆起、黏度大；其发酵液呈乳黄色、浑浊、黏度大。

【问题和思考】

絮凝菌的筛选可以选择干燥的菌落作为初选菌株吗？为什么？

实验 22　聚磷菌的选育

【实验目的】

分离筛选具有聚磷功能的细菌菌株。

【实验内容】

1. 蓝白斑分离聚磷菌的方法。
2. 聚磷菌效果测定。

【概述】

污水生物除磷是利用聚磷菌（Polyphosphate Accumulating Organisms，PAOs）的超量磷吸收现象，通过聚磷菌以不溶性的聚磷酸盐的形式将溶解性的正磷酸盐过量储存于体内，通过排放含磷量很高的剩余污泥来实现有效除磷。生物除磷的影响因素很多，碳源的种类，pH 值、进水中 COD/P 的比率、温度、污泥停留时间、好氧段曝气的强度以及钙、镁、钾等微量元素的变化，均能影响生物除磷系统的除磷性能。

聚磷菌一般通过蓝白斑实验进行初筛，该法仅用来检测所选的菌株是否含有多聚磷酸激酶，而菌株的聚磷能力还与厌氧条件下合成 PHB 能力和好氧培养合成 poly-P 能力及菌体含磷量有关。在筛选聚磷菌时有必要通过厌氧好氧培养来检测 PHB 和 poly-P 合成情况及测定菌体含磷量来进一步确定所选出菌株。

【材料和器皿】

1. 培养基

LB 培养基、蓝白斑培养基。

2. 试剂

PHB 的染色剂［甲液（0.3%的苏丹黑）：苏丹黑 B 0.3g，70%乙醇 100ml

混合后，用力振荡，放置过夜备用。乙液（0.5%番红水溶液）：番红 0.5g 溶于 100ml 水中］、polyP 的染色剂［甲液：甲苯胺蓝 0.15g，孔雀绿 0.2g，冰醋酸 1ml，乙醇（95%）2ml，蒸馏水 100ml；乙液：碘 2g，KI 3g，蒸馏水 300ml］、NH_4Cl、H_2SO_4、$MgSO_4 \cdot 7H_2O$、NaCl、$K_2Cr_2O_7$、L-抗坏血酸、钼酸铵、乙酸钠等。

【操作步骤】

1. 样品的采集与处理

将采集的海洋底泥放入无菌袋带回实验室，然后在无菌条件下称取 5g 底泥于装有玻璃珠的 50ml 无菌水三角瓶中，摇动三角瓶，将污泥打碎后，用已灭菌枪头吸取 1ml 样品液体，装入盛有 100ml LB 培养基的三角瓶中。于 20℃，200rpm/min 的摇床上振荡富集培养 5d。

2. 菌种的分离与纯化

将富集培养好的样品通过 10 倍稀释法制成浓度梯度为 $10^{-2} \sim 10^{-7}$ 的菌悬液，并涂布 LB 固体培养基平板，培养一段时间后挑取形态不同的单菌落，纯化后转接到 LB 斜面培养基上，编号后于 20℃培养箱内培养 2d，放于 4℃冰箱保藏备用。

3. 蓝白斑初筛法

（1）蓝白斑培养基制备。

①各取 50ml 葡萄糖-MOPS 培养基置于两个 500ml 的三角瓶中，向一个三角瓶中加入 0.008 7g K_2HPO_4和 X-P（50μg/ml）成为限磷培养基；向另一个瓶中加入 0.173 2g K_2HPO_4和 X-P（50μg/ml）成为磷过量的培养基。向两种培养基中均加入维生素 B 溶液 0.1ml 和无菌水 150ml，分别用细菌滤器过滤灭菌，分装于已灭菌的 250ml 的三角瓶中。

②取 500ml 的三角瓶 2 个，分别加入去离子水 300ml 和琼脂 10g，在 121℃灭菌 30min，冷却至 50℃以下，然后将过滤灭菌好的葡萄糖-MOPS 倒入，摇匀倒平板。

（2）将上述分离获得的菌株分别接种于限磷和磷过量的葡萄糖-MOPS 培养基，置于 20℃恒温培养箱中培养 1~2d。观测蓝白斑的生长情况，选取同时在两种培养基上都产生蓝斑的菌落为初选聚磷菌。

4. 合成废水的制备与灭菌

葡萄糖 0.3g、K_2HPO_4 0.05g、蛋白胨 0.1g、$MgSO_4 \cdot 7H_2O$ 0.15g、酵母粉 0.01g、NH_4Cl 0.18g、CH_3COONa 0.15g、NaCl 10g、水 1 000ml，121℃灭

菌 20min。

5. 聚磷菌的复筛

（1）菌体厌氧培养后 PHB 的鉴定。将在限磷和磷过量的葡萄糖-MOPS 培养基上都产生蓝斑的菌株接种到废水合成培养基上，厌氧培养 24h。挑取细菌，按常规制成涂片。

PHB 染色采用苏丹黑染色法：用甲液染色 10min，用水冲洗甲液，用滤纸将水吸干；用二甲苯冲洗涂片至无色素洗脱，再用乙液复染 1～2min，水洗，吸干，油镜镜检。其中类脂粒呈蓝黑色，菌体呈红色。染色阳性菌为备选菌株。

（2）菌体好氧培养后 polyP 的鉴定。采用 Albert 染色法，将初选菌株接种到废水合成培养基上连续厌氧好氧培养 24h。挑取细菌，按常规方法制片，用甲液染色 5min，倾去甲液，用乙液冲洗去甲液，并染色 1min，水洗，吸干，油镜镜检。异染粒呈黑色，菌体其他部分呈绿色。具有异染粒的菌株作为备选菌株。

（3）菌体含磷量的测定。将具有类脂粒和异染粒的初选菌株分别接种于含有 5ml 废水合成培养基试管中，20℃厌氧培养 6h，以 10 000rpm/min 离心 10min，收集菌体，转接到两个装有 100ml 培养液的锥形瓶中，20℃，200rpm/min 振荡培养 24h，测定菌体的含磷量。菌体含磷量在 9%以上作为备选菌。

（4）培养液中磷的去除率的测定。将具有类脂粒和异染粒的初选菌株，接入合成废水培养基中，在 20℃，200rpm 摇床中培养 24h，然后取菌液 10～50ml，经 10 000rpm/min，离心 10min，按总磷测定法测定上清液的磷含量，并与未接菌的培养液的总磷值对照，按以下公式计算磷的去除率。

$$磷去除率（\%）=[(A_{TP}-B_{TP})/A_{TP}]\times100$$

式中，A_{TP}：未接菌的培养液的总磷；B_{TP}：接种菌的培养液的总磷。磷去除率达 85%以上的作为备选菌株。

6. 菌种保藏

将全部符合上述条件的复选菌株接种于 LB 培养基扩大培养，并制成甘油管（甘油终浓度为 10%～15%）保存于-80℃低温冰箱备用。

【注意事项】

菌种在操作过程中，注意保存纯种，勿污染。

【问题与思考】

聚磷菌在污水处理中的作用？有何发展前景？

实验 23　外生菌根真菌的分离与纯化

【实验目的】

分离筛选植物根际外生菌根真菌。

【实验内容】

分离植物根组织 AV 菌根菌。

【概述】

外生菌根菌（Ectomycorrhizal fungi，简称 ECM）是森林生态系统重要的功能类群之一。在促生方面，外生菌根菌与宿主植物互作过程可提高根系对营养元素（尤其是磷元素）和水分的吸收，产生生长激素，促进植物生长，改善植物根际环境；在抗逆方面，菌根菌可显著提高植物耐盐碱能力。外生菌根菌能够防治或减轻某些植物病害，特别是土传病害。以菌根为核心界面而形成的菌根—根际微生物—植物系统，对多种重金属和有机污染物具有耐受性，并表现出一定的吸附和降解能力。外生菌根菌作为植物根际益生菌在提高植物生长和抗逆性方面发挥了重要作用。

【材料和器皿】

1. 菌株来源

采集的植物新鲜根组织。

2. 培养基

PDA 培养基、MMN 培养基（其配方为牛肉汁+蛋白胨 15g，$NH_4H_2PO_4$ 0.25g，维生素 $B_1$0.1mg，$MgSO_4$0.15g，1%$FeCl_2$1.2ml，琼脂 15~20g，蒸馏水 1 000ml，pH 值 5.5）、PACH 培养基（葡萄糖 20g，酒石酸铵 2.5g，1%柠檬酸铁 3ml，11%麦芽汁 16ml，微量元素 1ml，$MgSO_4$0.5g，KH_2PO_4 1g，0.004%维生素 $B_1$1ml，琼脂 15~20g，蒸馏水 1 000ml，pH 值 5.5）。注：1%梓檬酸铁配方：柠檬酸 1g、柠檬酸铁 1g、蒸馏水 1 000ml；微量元素配方（g/L）：

H_3BO_3 0.28、$MnCl_2 \cdot 4H_2O$ 0.367、$ZnSO_4 \cdot 7H_2O$ 0.23、$CuSO_4 \cdot 5H_2O$ 0.092 5、$Na_2MoO_4 \cdot 2H_2O$ 0.027。

3. 仪器及其他

超净工作台、培养箱、显微镜、75%的酒精、30%的 H_2O_2。

【操作步骤】

1. 根组织消毒处理

分离前将采集的植物根组织小心用清水冲洗干净，在体视显微镜下切取植物营养根上的菌根组织，初步按照菌根外形及颜色的不同，将菌根组织放入已灭菌并装有无菌水的离心管中。在超净台内，首先用无菌水将待分离的菌根组织用无菌水冲洗 3 次，进一步去除其表面泥沙等杂质，再用 75%的酒精处理 10s，用无菌水冲洗 3 次，再用 30%的 H_2O_2 处理 30s，进行表面消毒、灭菌，然后用无菌水冲洗 3 次，置于已消毒的滤纸上吸干表面水分，备用。

2. 样品的分离培养

在超净台内，将处理过的菌根样品用无菌手术刀切开，接于盛有上述 3 种培养基的培养皿中，使切面与培养基充分接触，并压实盖玻片。每皿接种 3~5 个样品，置于 25℃左右的恒温培养箱中进行培养。每天用显微镜低倍镜头观察记录菌落生长情况，并及时淘汰污染的菌落。

3. 分离物的纯化与培养

待菌丝从根横切面发出，或从菌核周围开始生长，形成菌落后，在菌丝尖端切取长有真菌菌丝的琼脂块，转接于新的相应培养基上继续培养，转几次直至获得纯化菌株。纯化后的菌株接种于相应斜面培养基中，4℃保藏。

【注意事项】

菌根消毒时间要严格控制，消毒时间过长，会导致菌根真菌死亡。

【问题与思考】

根部菌根真菌对植物生长有何作用？

实验 24　丁醇发酵产芽孢细菌初选菌株的分离筛选

【实验目的】

学习丁醇发酵菌的筛选方法。

【实验内容】

丁酸发酵细菌的分离筛选。

【概述】

筛选优良丁醇发酵菌种是提高丁醇作为生物燃料经济竞争力的重要手段之一，丁醇为挥发性的小分子，难以用显色染料标记，目前常用气相色谱检测丁醇含量。然而，对筛选工作中获得的大量菌株产物进行气相检测是一项非常耗时耗力的工作，不符合菌种筛选高通量快速的原则。针对目前丁醇生产菌种筛选中存在的问题，本文采用了一种简捷高效的筛选方法，为丁醇发酵生产和菌种研究提供出发菌株。

厌氧环境的构建采取化学试剂 $Na_2S_2O_4$ 及 $NaHCO_3$，该法与焦性没食子酸和氢氧化钠溶液去氧相比较，不会产生有毒气体 CO，同时其反应产生的 CO_2，有利于厌氧微生物的生长。去氧剂的化学反应式为：

$$Na_2S_2O_4+NaHCO_3+O_2 \rightarrow CO_2+Na_2SO_4+H_2O$$

【材料和器皿】

1. 菌株来源试样

菜园或玉米地采集土样。

2. 培养基

富集培养基（5%的玉米醪，50g 玉米粉加自来水 1L，煮沸糊化 30min，补足水分后 121℃灭菌 20min）、平板分离纯化培养基（牛肉膏 0.5%、蛋白胨 1%、酵母粉 0.5%、氯化钠 0.5%、葡萄糖 0.5%、琼脂 2%，pH 值 6.5，116℃灭菌 20min）、发酵培养基（7%的玉米醪）。

3. 试剂

$Na_2S_2O_4+NaHCO_3$、美兰半固体指示剂小管、液体石蜡。

【操作步骤】

1. 土样采集

用园艺小铁铲抛去土壤表层，于土层 10~20cm 处采集土样 10~15g，将采集的土样装入封口塑料袋后封好袋口。采样前后用 75%的酒精消毒小铁铲。

2. 菌种的富集

（1）液体培养基除氧。在超净工作台上，将灭菌后的液体培养基分装于经灭菌的试管内，然后将试管置于沸水浴中 10min 以去除溶氧，快速冷却后，加入约 0. 5cm 厚的经过灭菌的液体石蜡于培养基表面隔绝空气。

（2）热处理富集。取采集的土壤试样 3～5g，投入装有 5%玉米醪培养基的试管中，将其置于 75℃水浴中热处理 10min，取出后快速冷却，于 37℃培养 3d 选出发酵旺盛、气泡发生较强、液面有飘带并有丙酮丁醇气味的试管，放置于沸水浴中 1min，以此杀灭芽孢以外的菌体，对沸水上部分的试管部分，采用酒精火焰直接灼烧试管的方法杀灭菌体细胞，常温放置至冷却后，取其 0. 5ml 残存芽孢液接种于新的培养基中，如此反复操作 3～4 次，进行热处理，筛选出发酵旺盛的试管。

3. 菌种的分离筛选

（1）厌氧环境构建。采用大平皿套小平皿的方法，用较大的培养皿作为容器，其内放置较小的培养皿，在大小培养皿之间，放置化学试剂（$Na_2S_2O_4$+$NaHCO_3$），通过化学反应去除空间内的氧气，在大培养皿外用封口膜密封隔绝外部空气。

将直径 12cm 的培养皿上盖倾斜放置，上部加入 1. 5g $NaHCO_3$ 与 1. 45g $Na_2S_2O_4$均匀混合物，下部加入无菌水 5ml，放入已制备好平板的小培养皿后（平板分离纯化培养基），盖好大培养皿下盖，封口膜密封，然后平放，使水与去氧剂接触，反应除氧。

（2）厌氧效果检测。在大小培养皿之间的空间里放入装有美蓝半固体指示剂小管，在反应去氧过程，观察指示剂颜色的变化，如果小管内的美蓝半固体指示剂由蓝色变为无色或粉红色，则证明环境氧气已经去除，达到厌氧效果。

（3）平板分离纯化。取发酵旺盛成熟的玉米醪富集培养基，移除上部发酵清液后，取其下部带有絮状物的醪液 100μl 于 1. 5ml 的 EP 管内，然后加入 900μl 经灭菌的蒸馏水，混合均匀后，取该混合液 100μl 于新的 EP 管内，如此配置系列单位为 10×的梯度稀释液，然后取各梯度稀释液涂布分离平板，将涂布好的平板放入厌氧装置内，37℃下培养 2d。挑取单菌落纯化后保种，以备后续研究。

（4）丙酮定性实验。取经充分发酵的玉米醪培养基上清液 1. 0ml 于洁净的玻璃试管内，向其中加入固体硫酸铵，直至上清液饱和，再加入浓氨水及 10%的亚硝酞铁氰化钠各 100μl，在 20min 内观察液体呈现紫色，证明有丙酮存在，颜色深浅表明丙酮含量多少，据此淘汰部分溶剂产生能力弱的菌株。

（5）产酸能力鉴别。用接种环蘸取菌液，点种到溴甲酚绿培养基相应位置，并在每一点种点位置做好标记，37℃厌氧培养 24h 后，观察点种点周围的褪色情况，据此可以筛选出产酸能力强的菌株。

（6）菌种保藏。经上述筛选后的菌株作为丁醇发酵的初选菌株，保藏后以备复筛。具体保藏方法：取发酵成熟的玉米培养基底部醪液，用移液器吸取 700μl 于 1.5ml EP 管，再加入灭菌的 20%甘油溶液，混匀后-20℃保存。

【注意事项】

注意厌氧环境的制作。

【问题和思考】

如何提高丁醇发酵细菌出发菌株的发酵能力？

第三章　微生物形态结构观察

实验 25　细菌革兰氏染色技术

【实验目的】

1. 了解油镜的基本原理，掌握油镜的使用方法。
2. 初步掌握细菌涂片方法及革兰氏染色法步骤。

【实验内容】

1. 学习油镜的使用方法。
2. 制作细菌染色装片。
3. 革兰氏染色法一般步骤。

【材料和器皿】

1. 菌种

大肠杆菌（*Escherichia coli*）、金黄色葡萄球菌（*Staphylococcus aureus*）。

2. 试剂

结晶紫染液、番红复染液、媒染剂、酒精、香柏油、二甲苯、无菌水。

3. 其他

显微镜、酒精灯、擦镜纸、无菌牙签、载玻片、吸水纸。

【概述】

革兰氏染色的原理主要是根据细菌细胞壁的成分和结构不同，将细菌分为革兰氏阳性菌（G^+）和革兰氏阴性菌（G^-）。G^+细菌的细胞壁主要有肽聚糖形成的网状结构组成，在染色过程中用95%乙醇处理时，由于脱水而引起网状结构中的孔径变小，细胞壁通透性降低，使结晶紫—碘复合物被保留在细胞壁内而不易流失，当复染后即呈紫色，实际是紫加红色。G^-细菌的细胞壁中肽聚糖含量低，交联度差，而且还有大量的脂类物质，当用乙醇处理时，脂类物质溶解，细胞壁的通透性增加，使结晶紫—碘复合物容易被乙醇抽提出来而脱色，沙黄或番红复染时，即被染上了复染剂的颜色，因此呈现红色。

【操作步骤】

1. 制片

取培养 18~24h 的菌种培养物常规涂片、干燥、固定。涂片不宜过厚，以免脱色不完全造成假阳性。火焰固定不宜过热（以玻片不烫手为宜）。

2. 初染

滴加结晶紫（以刚好将菌膜覆盖为宜）染色 1~2min，水洗。

3. 媒染

用碘液冲去残水，并用碘液覆盖约 1min，水洗。

4. 脱色

用滤纸吸去玻片上的残水，将玻片倾斜，在白色背景下，用滴管滴加95%的乙醇脱色 20~25s，水洗。革兰氏染色结果是否正确，乙醇脱色是革兰氏染色操作的关键环节。脱色不足，阴性菌被误染成阳性，脱色过度，阳性菌被误染成阴性苗。

5. 复染

用番红液复染约 2min，水洗。

6. 镜检

干燥后，滴加 2 滴香柏油，置于油镜观察。革兰氏阳性菌被染成蓝紫色，革兰氏阴性菌为红色。

油镜操作首先提起镜筒约 2cm，将油镜转至正下方。在玻片标本的镜检部位（镜头的正下方）滴一滴香柏油。从侧面注视，小心慢慢降下镜筒，使油镜浸在油中至油圈不扩大为止，镜头几乎与装片接触，但不可压及装片，以免压碎玻片，损坏镜头。将光线调亮，左眼从目镜观察，用粗调节器将镜筒徐徐上升（切忌反方向旋转），当视野中有物像出现时，再用细调节器校正焦距。如因镜头下降未到位或镜头上升太快未找到物像，必须再从侧面观察，将油镜再次降下，重复操作直至物像看清为止。

7. 清洁油镜

移开物镜镜头，取出装片。用擦镜纸擦去镜头上的香柏油，残留的香柏油用擦镜纸沾少许二甲苯按一个方向反复擦几次，最后再用干净的擦镜纸擦干残留的二甲苯。将各部分还原，套上镜罩，置阴凉干燥处存放。

【注意事项】

1. 在染色过程中，不可使染液干涸。

2. 老龄菌因体内核酸减少，会将阳性细菌染成阴性细菌，故不能选用。

3. 油镜观察结束后，须将镜筒上升，方能取下装片。放入另一装片后，要按使用油镜的要求，重新操作。切记不能在油镜下直接取下和替换装片。

【问题和思考】

1. 革兰氏染色中哪一步是关键，为什么？你如何控制这一步？

2. 固定的目的之一是杀死菌体，这与自然死亡的菌体进行染色有何不同？

3. 使用油镜应特别注意哪些问题？

实验 26　细菌芽孢、荚膜染色与观察

【实验目的】

掌握细菌的芽孢及荚膜染色方法。

【实验内容】

1. 细菌的芽泡染色。

2. 细菌的荚膜染色。

【材料和器皿】

1. 试剂及材料

枯草芽孢杆菌（*Bacillus subtilis*）、褐球固氮菌（*Azotobacter chroococcum*）斜面菌种、二甲苯、香柏油、蒸馏水、5%孔雀绿水溶液、0.5%沙黄水溶液（或0.05%碱性复红）、绘图墨水（用滤纸过滤后备用）、95%乙醇、石炭酸复红染液。

2. 器皿

显微镜、接种环、酒精灯、载玻片、盖玻片、小试管（1cm×6.5cm）、烧杯（300ml）、滴管、试管夹、擦镜纸、吸水纸。

【概述】

芽孢是营养细胞生长到一定阶段形成的一种抗逆性很强的休眠体结构，通常为圆形或椭圆形，如芽孢杆菌属和梭菌属细菌皆可产生芽孢。芽孢壁厚、透性低，着色、脱色均较困难。因此，用着色力强的染色剂（如孔雀绿）在加热条件下进行染色时，染料不仅可以进入菌体，而且也可以进入芽孢，进入菌体的染料可经水洗脱色，而进入芽孢的染料则难以透出，若再用复染液染色后，芽孢仍然保留初染剂的颜色，而菌体被染成复染剂的颜色，即菌体和芽孢分别染成红色和绿色，易于区分。

荚膜是某些细菌向细胞壁外分泌的一层黏性多糖类物质，具荚膜的菌落形态常呈高度光滑湿润的状态。荚膜含水分多，疏松且较薄，受热易失水变形。荚膜不易染色，故常用衬托染色法，即将菌体着色，从而将不着色的透明荚膜衬托出来。

【操作步骤】

1. 芽孢染色法——孔雀绿染色法

挑取培养 24h 左右的枯草芽孢杆菌一环涂片，在微火上干燥固定。滴加 3~5滴 5%孔雀绿水溶液于涂片上。用试管夹夹住载玻片在酒精灯上微加热，自载玻片上出现蒸汽时，开始计时 4~5min。加热过程中切勿使染料蒸干，必要时可添加少许染料。倾去染液，待玻片冷却后，用自来水冲洗至无色为止。用 0.5%沙黄溶液（或 0.05%碱性复红）复染 1min，水洗。干燥后用油镜观察，芽孢呈绿色，菌体红色。

2. 荚膜染色——石炭酸复红染色

取培养 72h 褐球固氮菌，涂片，自然干燥。滴入 1~2 滴 95%乙醇固定（不可加热固定）。加石炭酸复红染液染色 1~2min，水洗，自然干燥。在载玻片一端加一滴墨汁，另取一块边缘光滑的载玻片与墨汁接触，再以匀速推向另一端，涂成均匀的一薄层，自然干燥。干燥后用油镜观察，菌体红色，荚膜无色，背景黑色。

【注意事项】

1. 荚膜染色涂片不要用火焰加热固定，以免荚膜皱缩变形。

2. 供芽孢染色用的菌种应控制菌龄，使大部分芽孢仍保留在菌体上为宜。

【问题和思考】

1. 为什么芽孢染色要加热？为什么芽孢及营养体所染颜色不同？
2. 组成荚膜的成分是什么？涂片一般用什么固定方法，为什么？

实验 27　细菌鞭毛染色法

【实验目的】

学习几种鞭毛染液配制及细菌鞭毛染色的基本步骤。

【实验内容】

鞭毛的银盐染色法、赖夫生（Leifson）染色及西萨—基尔（Cerares-Gill）染色法。

【概述】

细菌染色，除革兰氏染色外，最重要的是鞭毛染色。鞭毛的有无、数目和着生位置是重要的分类和鉴定性状。细菌鞭毛很细（0.02~0.03μm），一般光学显微镜看不清楚，鞭毛上沉积染剂后才能看到，这是所有鞭毛染色法的根据。由于染剂也可以在载玻片上沉积，所以要用非常洁净的载玻片。染剂处理时间很重要，处理时间短，有足够的沉积物则看不清楚；处理时间长，载玻片上的沉积物沉积太多则影响检查。

鞭毛染色有赖夫生（Leifson）染色、西萨—基尔（Cerares-Gill）染色法、柯达卡（Kodaka）溶液染色法，鞭毛的银盐染色法，目前已经很少采用。

【材料和器皿】

1. 菌种

连续培养 3 次的 18~24h 的大肠杆菌（*E. coli*）斜面。

2. 材料及仪器

载玻片、盖玻片、电镜。

3. 试剂

单宁酸、$FeCl_3$、甲醛、NaOH、$AgNO_3$、NaCl、碱性品红、$ZnCl_2$、$AlCl_3 \cdot 6H_2O$、酒精、苯酚等。

【实验步骤】

1. 银盐染色法

（1）染液配制。

A 液：单宁酸 5. 0g、$FeCl_3$ 1. 5g、15%甲醛 2ml、1% NaOH 1ml，蒸馏水 1 000ml。

B 液：$AgNO_3$ 2. 0g、蒸馏水 1 000ml。

待 $AgNO_3$ 溶解后，取出 10ml 备用，向其余 90ml $AgNO_3$ 中滴加 NH_4OH，即可形成很厚的沉淀，继续滴加 NH_4OH 至沉淀刚刚溶解为澄清液为止，再将备用的 $AgNO_3$ 慢慢滴入，则溶液出现薄雾，轻轻摇动后，薄雾状沉淀迅即消失，继续滴加 $AgNO_3$，直到摇动后仍出现轻微而稳定的薄雾状沉淀为止。如雾重，说明银盐沉淀出，不宜再用。通常在配制当天使用，次日效果欠佳，第 3d 则不能再用。

（2）载玻片准备。鞭毛染色需要新的或没有损伤的载玻片，先在浓铬酸洗液中浸 24h，清洗后用蒸馏水洗涤多次，在 95%酒精中浸泡，将玻片通过火焰几次，到载玻片边缘的火焰呈橘黄色为止。通过火焰的载玻片，放在多层吸水纸上任其冷却；为防止载玻片炸裂，可放在预先加热的金属板上，使其缓慢冷却。洗净的载玻片也可以浸在盛有 95%酒精的扁平染色缸中，使用前再通过火焰灼烧去酒精即可。检验是否洁净的标准是在载玻片上加 1 滴蒸馏水，如果水滴很快且均匀地扩散开来，表示载玻片洁净可用。

（3）悬浮液制备。在斜面内加入 3~5ml 灭菌水，静置一段时间（可以稍加摇动，但不要振动），细菌散开形成悬浮液。静止时间一般是 5~30min，产生胶质的细菌则需要 30min 甚至更久一些。放置时间过长，细菌鞭毛可能会脱落。

（4）涂片。用微吸管或移植环取悬浮液 1 滴或 2~3 滴加在洁净的载玻片上；立即将玻片直立，使菌液流下，玻片上即遗留 1~3 条细菌悬浮液膜。载玻片保持直立使菌液自然干燥，不能通过火焰固定直接染色。

（5）染色。滴加鞭毛染色液 A 液，染色 3~5min，用蒸馏水充分洗净，使背景清洁。将残水沥干，滴加 B 液，在微火上加热使微冒蒸汽，并随时补充染料使不干涸，染色 30~60s，冷却后用蒸馏水轻轻冲洗干净，自然干燥或滤纸吸干。

（6）镜检。载玻片干燥后直接用油镜检视。菌体为深褐色，鞭毛为褐色，注意观察鞭毛的着生位置。

2. 赖夫生（Leifson）染色法

（1）染液配制。

单宁酸：3%的水溶液加0.2%苯酚。

氯化钠：1.5%的水溶液。

碱性品红：1.2%的95%酒精（pH值5.0）溶液。

将相等容量的三种溶液，在使用前一天混合，可在冰箱中贮存几个星期。

（2）在洁净的载玻片上，用蜡笔划4个1.3cm×2.0cm的小格。

（3）制备菌悬液，方法同上。

（4）涂片。将载玻片斜放，用移植环在每一小格顶端加1滴菌悬液，任其流下，流下的立即用纸吸去，将载玻片在空气中干燥。

（5）染色。在第一个小格滴加5滴染剂，经过5s、10s、15s后，分别在二、三、四3个小格中滴加相同量的染剂。仔细观察染剂中细沉淀物的产生，当第一、二小格已经产生沉淀时，立即用水将载玻片染剂洗去。载玻片上分为四个小格，是为了掌握染色时间。

（6）干燥、镜检。载玻片在室温下自然干燥，不要用吸水纸吸，干燥后直接用油镜镜检。菌体和鞭毛呈红色，背景无色，载玻片上少量的染剂沉积物不影响观察。

3. 西萨—基尔（Cerares-Gill）染色法

如果细菌产生的胶质太多或鞭毛很细且容易脱落，常采用该法。

（1）染液配制。

媒染剂：单宁酸10.0g、氯化铝（$AlCl_3 \cdot 6H_2O$）18g、氯化锌16.0g、碱性品红1.0g、酒精（60%）40ml。

研钵中盛10ml酒精，加入以上各成分，研细后加入剩余酒精。使用蒸馏水稀释1~4倍，染色时过滤，滤液滴在涂片上。

染液（苯酚品红）：溶液Ⅰ为碱性品红0.3g、酒精（95%）10.0ml；溶液Ⅱ为苯酚5.0g、蒸馏水95ml。将上述溶液Ⅰ和溶液Ⅱ分别配好后混合。

（2）用微吸管在斜放的载玻片上端滴加2~3滴细菌悬浮液，使其流到载玻片的下端，多余菌液用纸吸去，空气中干燥。

（3）将过滤后的媒染剂滴在载玻片上，处理时间约5min，用水洗去。媒染剂的质量和处理时间的长短是成功的关键，最好现配现用。

（4）室温下苯酚品红染剂处理5min，水洗后，在空气中干燥镜检。

【注意事项】

1. 银染法染液最好现配现用，否则观察效果差，且染色时一定要充分洗净A液后再加B液，否则背景不清晰。

2. 西萨—基尔（Cerares-Gill）染色法中，媒染剂最好现配现用，否则影响观察效果。

【问题与思考】

1. 鞭毛染色的菌种为什么要先连续接种几代，并且要采用幼龄菌种？
2. 鞭毛染色的时间比较重要，如何控制？

实验28 细菌异染粒染色技术

【实验目的】

掌握异染粒Albert染色方法。

【材料和器皿】

1. 菌种

白喉棒杆菌（*Corynebacterium* diphtheria）。

2. 试剂

甲苯胺蓝、孔雀绿、冰醋酸、酒精（95%）、碘、碘化钾等。

【概述】

异染粒（metachromatic granule），又称迂回体，这是因其最早在迂回螺菌（*Spirillum volutans*）中发现之故，是以无机偏磷酸盐聚合物为主要成分的一种无机磷的贮备物，大小为0.5~1μm。异染粒多半发现在革兰氏反应阳性的细菌中，如棒杆菌属细菌。异染颗粒嗜碱性或嗜中性较强，用蓝色染料（如甲苯胺蓝或甲烯蓝）染色后不呈蓝色而呈紫红色，故称异染颗粒。异染粒分子呈线状，n值在2~106。其功能是贮藏磷元素和能量，并可降低渗透压。

【操作步骤】

1. 染液配制

①染剂。甲苯胺蓝 0.15g、孔雀绿 0.2g、冰醋酸 1ml、酒精（95%）2ml、蒸馏水 100ml。

②碘液。碘 3g、碘化钾 3g、蒸馏水 300ml。

2. 固定

涂片稍微通过火焰固定。

3. 染剂处理

染剂处理 5min，除去多余染剂，不需水洗。

4. 碘液处理

碘液处理 1min，水洗吸干后镜检。异染粒染成黑色，菌体的其他部分呈浅绿色或暗绿色。

【注意事项】

白喉杆菌是一种人类致病菌，可经飞沫、污染物品或饮食而传播，侵入易感者上呼吸道。操作过程中注意做好防护措施，以免感染。培养过的器皿高压蒸汽灭菌后清洗。

【问题与思考】

异染粒对细菌有什么功能？是否可以利用产生异染粒的微生物富集磷素？

实验 29 放线菌的插片、搭片培养及观察

【实验目的】

辨认放线菌营养菌丝、气生菌丝和孢子丝等形态；学习放线菌培养方法。

【实验内容】

放线菌插片、搭片培养法。

【材料和器皿】

1. 菌种

链霉菌属菌株（*streptomyces* sp.）。

2. 试剂及材料

高氏一号培养基、0.1%美蓝染色液。

3. 器皿

无菌培养皿、镊子、盖玻片、载玻片、镊子、接种环、显微镜、涂布器、玻璃纸、打孔器。

【概述】

放线菌形态特征是菌种选育和分类的重要依据。其培养法以插片法和搭片法较为常用。主要的原理和方法是：在接种过放线菌的琼脂平板上，插上盖玻片或在平板上开槽接种后搭片，由于放线菌的菌丝体可沿着培养基和盖玻片的交界处漫延生长，使得气生菌丝黏附于盖玻片上，待培养物长出气生菌丝和孢子丝后再轻轻地取出盖玻片，就能获得在自然状态下生长的直观标本。然后将它置于载玻片上即可作显微观察（图3-1）。

【操作步骤】

1. 插片法

（1）倒平板。溶化高氏一号琼脂培养基，冷却至50℃左右倒平板，平板制作可厚些，冷凝待用。

（2）插片法。可采用先接种后插片的方式。从斜面菌种上挑去少量孢子，在平板培养基一侧（约一半面积）做来回划线接种。接种量可适当多些，然后在接种线处插入无菌盖玻片即可，盖玻片常以40°~50°角度插入，深度约为盖玻片长度的1/3。

（3）培养观察。将插片平板倒置于28℃温箱中培养3~7d。用镊子取下盖玻片。将盖玻片无菌丝体的面放在洁净的载玻片上，用低倍镜、高倍镜观察。

2. 搭片法

（1）开槽。用无菌解剖刀或打孔器在凝固后的无菌平板培养基上开槽，槽的宽度约0.5cm，无菌操作法取出槽内琼脂条。

（2）划线接种。用接种环以无菌操作法从菌种斜面的菌苔上挑去少量放线菌孢子，在槽口边缘来回划线接上放线菌孢子。

（3）搭片。用无菌操作法在接种后的平板槽面上盖上无菌盖玻片数块。

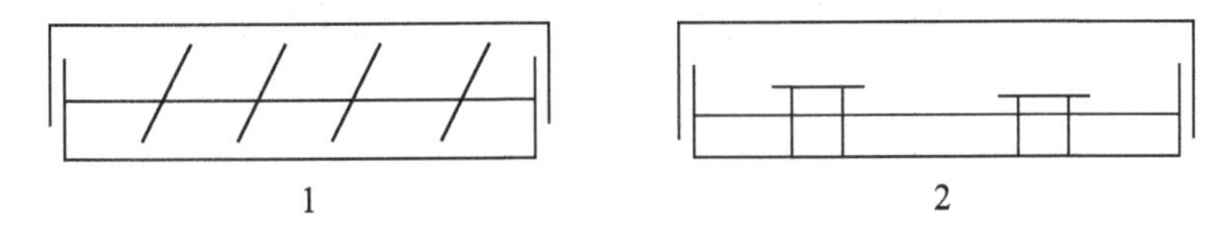

图 3-1　放线菌的插片与搭片培养示意图

1—插片法；2—搭片法

（4）培养。平板倒置于28℃温箱中培养3~7d，放线菌在沿槽边缘生长繁殖时，会自然地附着与粘贴到槽面上的盖玻片表面。待长有气生菌丝及孢子丝后，只要取下盖玻片置于载玻片上即可做镜检观察。

【注意事项】

1. 放线菌的生长速度较慢，培养周期较长，在操作中应该特别注意无菌操作，严防杂菌污染。
2. 观察时，盖玻片用0.1%美蓝液染色后再做镜检，则效果更好。

【结果与分析】

将放线菌形态观察结果记录在表3-1中。

表 3-1　两种方法下的菌落特征及其形态

培养法	菌落特征	图示菌丝、孢子丝及孢子形态
搭片法		
插片法		

【问题和思考】

用插片法和搭片法制备放线菌标本，其主要优点是什么？可否用此法观察其他种类的微生物？为什么？

实验 30　真菌载片培养和形态观察

【实验目的】

1. 掌握真菌的载片培养方法。
2. 观察了解真菌形态特征。

【实验内容】

培养并观察指状青霉（*Penicillium digitatum*）、构巢曲霉（*Aspergillus nidurans*）的发育过程。

【材料和器皿】

1. 菌种

指状青霉（*P. digitatum*）、构巢曲霉（*A. nidurans*）培养物。

2. 培养基

马铃薯琼脂培养基（制备 1 000ml 培养基采用 50g 马铃薯水提取物）、1% 的水琼脂。

3. 材料

滤纸、载玻片、盖玻片、蒸馏水、挑针、镊子、显微镜等。

【概述】

载片培养是观察研究真菌及放线菌生长全过程的一种有效方法。通常只要把菌种接种在载玻片中央的小琼脂块培养基上，然后附以盖玻片，再放在湿室中作适温培养，就可随时显微观察其生长发育全过程，且可不断摄影而不破坏样品的自然生长状态。

【操作步骤】

1. 准备培养湿室

培养皿底部铺一层滤纸，其上依次放入玻璃 U 型架、载玻片及两片盖玻片，盖上皿盖，包装后，121℃下湿热灭菌 20min，烘干备用（图 3-2）。

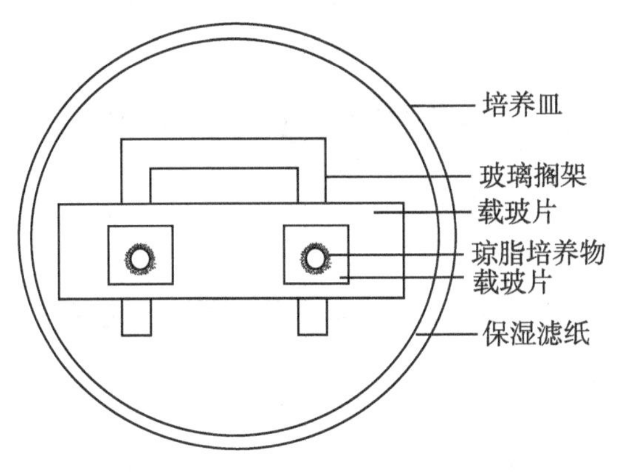

图 3-2　载片培养的湿室示意图

2. 溶化培养基

将马铃薯葡萄糖琼脂培养基加热溶化，放在 60℃水浴锅中保温，备用。

3. 整理湿室

用镊子将载破片和盖玻片放在玻璃搁架的合适位置。

4. 点接孢子

用接种针挑取少量孢子至载玻片的两个合适位置上。

5. 覆培养基

用 100μl 枪头吸取溶化的培养基，滴加到载玻片的孢子上。滴加时尽量使培养基圆整。

6. 加盖玻片

用无菌镊子夹取盖玻片，轻轻盖在琼脂培养基上，避免产生气泡。然后均匀下压，使盖玻片与载玻片留下一定高度，严防压实。

7. 保湿培养

上述操作结束后，每皿加入约 3ml 水琼脂作为保湿剂，盖上皿盖，置于 28℃恒温箱中培养。10h 后即可不断观察其孢子萌发、菌丝伸展、分化及子实体形成过程。

【实验结果】

指状青霉和构巢曲霉形态图，注明各部分名称。

【问题和思考】

真菌无性孢子和有性孢子有哪些？

第四章　微生物生长测定及控制

实验 31　平板菌落计数法

【实验目的】

1. 掌握平板菌落计数法的基本原理和方法。
2. 掌握平板菌落计数的基本技术及要领。

【实验内容】

1. 混合法菌落计数。
2. 涂布计数法。

【概述】

平板菌落计数是依据微生物在固体培养基上一个活细胞能形成一个菌落而设计的。计数时先将样品做一系列的稀释，再取一定量的稀释液接种到培养皿中，使其均匀分布于平皿中的培养基内，经过恒温培养后，由单个细胞生长繁殖形成菌落，统计菌落数即可换算出样品的含菌数。由于待测样品往往不易完全分散成单个细胞，所以长成的一个单菌落也可能来自样品中 2~3 个或更多个细胞。因此，平板菌落计数的结果往往偏低。为了清楚地阐述平板计数的结果，现在已经倾向使用菌落形成单位（colony-forming units，cfu），而不以绝对菌落数来表示样品的活菌含量。

平板菌落计数法操作较繁烦，结果需要培养一段时间才能取得，且测定结果易受多种因素的影响。但是，该计数方法的最大优点是可以获得活菌的信息，目前仍然被广泛应用于菌体数目的检测。

【材料和器皿】

1. 菌种与培养基

大肠杆菌（*E. coli*）、牛肉膏蛋白胨琼脂培养基。

2. 仪器与用品

恒温培养箱、超净工作台、无菌培养皿、枪头、移液枪、盛有 4.5ml 的无菌生理盐水的试管、记号笔等。

【操作步骤】

1. 混合平板计数法

（1）编号。取无菌平皿 9 套，分别用记号笔标明 10^{-4}、10^{-5}、10^{-6}各 3 套。另取 6 支盛有 4.5ml 无菌水的试管，排于试管架上依次标明 10^{-1}、10^{-2}、10^{-3}、10^{-4}、10^{-5}、10^{-6}。

（2）稀释液制备。用移液枪精确吸取 0.5ml *E. coli* 悬液放入 10^{-1}的试管中，吹吸 3 次，使其充分混匀。依次做成 10^{-1}、10^{-2}、10^{-3}、10^{-4}、10^{-5}、10^{-6}稀释液。

（3）取样。分别用 3 支 200μl 无菌枪头从 10^{-4}、10^{-5}、10^{-6}的稀释液取 0.2ml 菌液，对号放入无菌皿内。

（4）倾入培养液。将融化并冷却至 45℃左右的牛肉膏蛋白胨琼脂培养基倒入上述盛有菌液的培养皿内，迅速摇匀，置水平位置凝固后，倒置于 37℃恒温箱中培养 24h。

（5）培养及观察计数。取出培养 48h 的平板进行计数，选取每皿菌落数在 30~300 个培养平板进行计数。若所培养平板菌落数密度过高（图 4-1），则可选择有代表性的 1/8~1/4 区域后统计菌落数。同一稀释度 3 个平板上的菌落平均数，按下列公式计算：

1ml 总活菌数＝同一稀释度 3 次重复的菌落平均数×稀释倍数×5

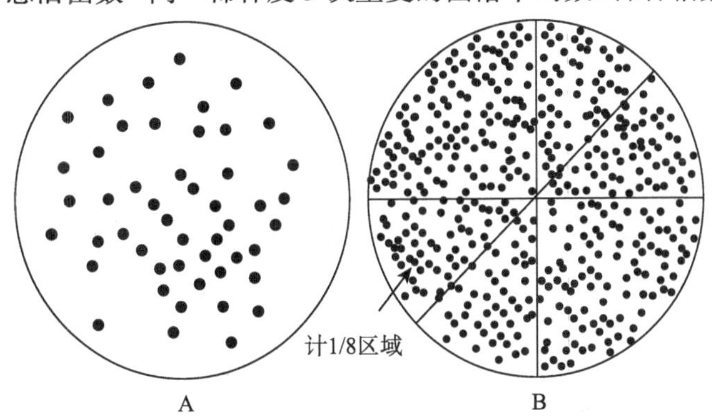

图 4-1　平板菌落计数法示意图

A. 30~300 个/皿，全皿计数；B. >1 000 个/皿，分区计数

2. 涂布平板法

（1）倒平板。将牛肉膏蛋白胨琼脂培养基溶化并冷却至45℃左右倒入无菌平板，凝固后，倒置于37℃恒温箱中放置24h，使其干燥备用。

（2）制备菌悬液。方法同上。

（3）涂布、培养及计数。用200μl无菌枪头从10^{-4}菌悬液中取0.2ml菌液，放入无菌皿内。用无菌涂布棒将菌液在平板上涂布均匀，平放于超净工作台上20~30min，使菌液渗透于培养皿内，37℃倒置培养24~48h。10^{-5}、10^{-6}的稀释菌悬液操作同上。涂布后贴上标签，培养48h后进行计数。

【结果记录】

将各皿计数结果记录于表4-1中。

表4-1　混培法和涂布法计量大肠杆菌的细胞数

分离方式	稀释度	每皿菌落数（个）			均值（个）	总数（个/ml）
		X_1	X_2	X_3		
混培法	10^{-4}					
	10^{-5}					
	10^{-6}					
涂布法	10^{-4}					
	10^{-5}					
	10^{-6}					

【注意事项】

1. 每个涂布棒涂布一个平板。

2. 菌液加入培养皿后，应尽快倒入琼脂培养液，并立即摇匀，否则菌体细胞易吸附在皿底上，不易形成均匀分布的单菌落，影响计数结果。

【问题和思考】

1. 如果在平板计数时同一个稀释度的3个重复或3个稀释度之间差别较大时，应怎样分析结果误差？

2. 比较混培法与涂布法分离的微生物数量是否有差异？为什么？

实验 32 显微镜直接计数法

【实验目的】

1. 了解细菌计数板的结构及计数原理。
2. 掌握细菌计数板的使用方法。

【实验内容】

利用血球计数板测定细菌数量。

【概述】

血球计数板常用于酵母菌或霉菌孢子数目的显微计数，直观、简便且快速，对实践研究具有指导意义。但对于形态微小的细菌而言，利用血球计数板进行计数不甚方便，而 Helber 型细菌计数板则可有效的对细菌样品进行准确的计数。

其原理是将适当稀释的微生物细胞加至计数板的计数室中，在显微镜下逐格计数。计数室与盖玻片之间的深度仅为 0.02mm，在油镜视野的工作距离范围内。由于计数室溶剂是固定的（$0.02mm^3$），故可将显微镜下计得的菌体细胞数换算成单位体积样品中的含菌量。该方法由于不能区分死菌和活菌，故称为总菌计数法。若利用该方法测定活菌数目，可用特殊染料进行活菌染色后再进行计数。如细菌经吖啶橙染色后，在紫外光显微镜下可观察到活细胞发出橙色荧光，死细胞发出绿色荧光，因而可用作活菌和总菌计数。

Helber 型细菌计数板是一块 3~4mm 厚特制的精密载玻片，其计数室中央大格边长 1mm，其面积 $1mm^2$，划分为 25 个中格，400 个小格（图 4-2）。在细菌细胞计数时，常需计取计数室内 10~20 个小格内的总菌数，再求得每小格内细菌数的平均值，然后换算成 1ml 样品中的细菌总细胞数。

【材料和器皿】

1. 菌种

大肠杆菌（*E. coli*）。

2. 试剂

95%乙醇、棉球、生理盐水、锥形瓶、pH 值 7.0 磷酸缓冲液。

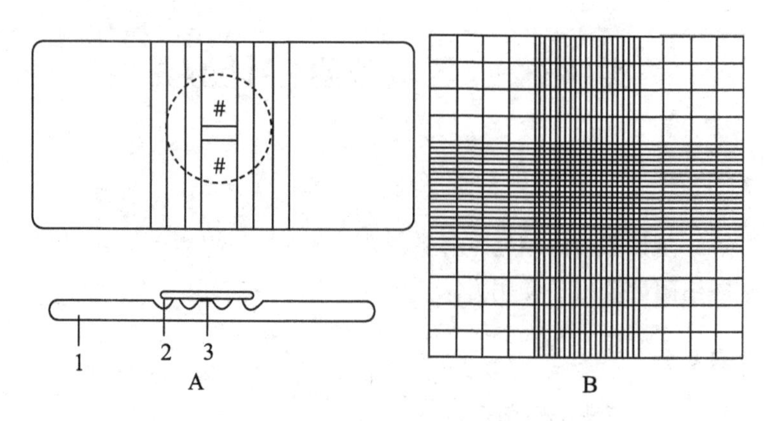

图 4-2　计数板结构

A. 计数板正面与侧面图；B. 中央方格网为计数室

1—计数板；2—盖玻片；3—计数室

3. 器皿

试管、移液枪及枪头。

4. 其他

擦镜纸、香柏油、吸水纸。

【操作步骤】

1. 制备细菌悬液

取在牛肉膏蛋白胨斜面上培养36~48h的大肠杆菌1支，用10ml生理盐水将斜面菌苔洗下，转入三角瓶中充分振荡，使细胞充分分散。并以10×进行浓度梯度稀释。稀释后的菌悬液作为计数。菌液应稀释到每一计数小格内5~10个细胞数为宜。

2. 加菌液

将盖玻片置于计数室两侧的平台上，用200μl枪头来回吹吸菌液数次，使菌液充分混匀，并让滴管内壁吸附平衡后立即吸取少量细菌悬液，滴加在盖玻片与计数板的边缘缝隙处，让菌液顺盖玻片与计数板间的毛细缝隙渗入计数室，确保计数室内无气泡。用镊子轻碰盖玻片，以免因菌液过多将盖玻片浮起而改变计数室容积。稍静片刻，待菌体自然沉降分布稳定后，再在显微镜下选区并逐格计数。

3. 计数

先在低倍镜下寻找计数板大方格网，再找到计数室将其移至视野中央，在载玻片上滴加香柏油后，转换至油镜。选择10~20个小格，计数菌细胞总数。

以20个小格内的细胞总数的平均值换算出样品的含菌量。为提高精度，每个样品可重复计数2~4次，然后取平均值。菌数换算公式如下：

$$N\text{（ml）}=X\times400\times5\times10^4\times n$$

式中，N：1ml总菌数；X：20个小格菌数的平均值；n：稀释倍数。

4. 清洗

计数完毕，细菌计数板及时用蒸馏水冲洗吸干，并用酒精棉球轻轻擦拭，再次用蒸馏水冲洗晾干。盖玻片作同样处理。清洗后的计数板可放入盛有无水乙醇的密闭容器中保存，亦可放入细菌计数板盒中。

【结果与分析】

将每次计得的菌数记录在表4-2中，并计算细菌总数。

表4-2　细菌悬液细胞数测定结果

检测次数	20个小格总菌数（个）	小格菌数平均值（个）	大格总菌数（个）	稀释倍数	菌数（个·ml^{-1}）
1					
2					
3					

【注意事项】

1. 计数板及盖玻片在使用前需清洗干净，切勿用刷子刷，可用棉球沾取乙醇轻轻擦拭。镜检后确保计数室无污物或黏附的细胞后方可使用。

2. 加样时，切勿使计数室内产生气泡，以免影响计数结果。

【问题和思考】

实验中每次计数的值之间可能存在一定偏差，试分析其可能的来源及避免的措施。

实验33　大肠杆菌细胞大小的测定

【实验目的】

学习并掌握显微测微尺的使用和计算方法。

【实验内容】

利用显微测微尺测定大肠杆菌细胞大小。

【概述】

微生物细胞的大小是微生物基本的形态特征，也是分类鉴定的依据之一。微生物菌丝体、孢子或细菌细胞大小的测定，需要在显微镜下借助于一测量工具——测微尺，包括目镜测微尺和镜台测微尺（图 4-3）。镜台测微尺是在一块载玻片的中央，用树胶封固一圆形的测微尺，长 1～2mm，分成 100 格或 200 格。每格实际长度为 0.01mm（10μm）。当用目镜测微尺来测量细胞大小时，必须先用镜台测微尺核实目镜测微尺每一格所代表的实际长度。

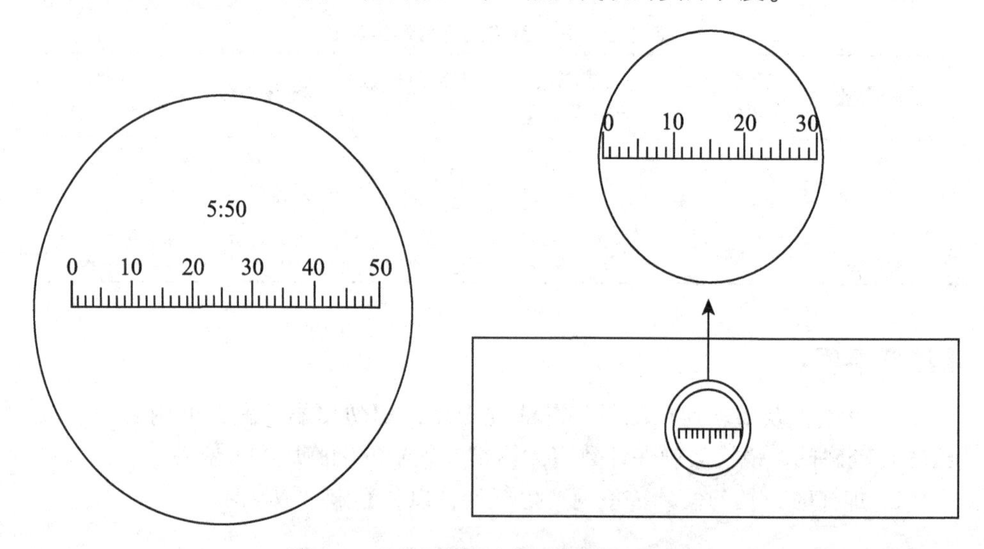

图 4-3 目镜测微尺与镜台测微尺示意图

目镜测微尺是一块可放入接目镜隔板内的圆形小玻片，其中央有精确地等分刻度，用以测量经显微镜放大后的细胞物象，有 50 小格和 100 小格两种规格。由于不同目镜或不同目镜和物镜组合放大倍数不同，目镜测微尺每小格代表的实际长度也不一致。因此，用目镜测微尺进行细胞大小测定时，必须先用镜台测微尺进行校正，以求出该显微镜在一定放大倍数的目镜和物镜下，目镜测微尺每小格所代表的实际长度。杆菌或卵型菌体用宽长表示，球菌用直径表示其大小。例如大肠杆菌大小表示为（0.5～1.0）μm×（1.0～3.0）μm，金黄色葡萄球菌大小约为 0.8μm。

【材料和器皿】

1. 菌种

大肠杆菌（*E. coli*）。

2. 仪器

显微镜、镜台测微尺、目镜测微尺、载玻片、盖玻片等。

【操作步骤】

1. 装目镜测微尺

将一目镜从镜筒中拔出，旋开目镜下面的部分，将目镜测微尺刻度向下装在目镜的焦平面上，然后把旋下的部分装回目镜，然后把目镜插回镜筒中（图 4-4）。

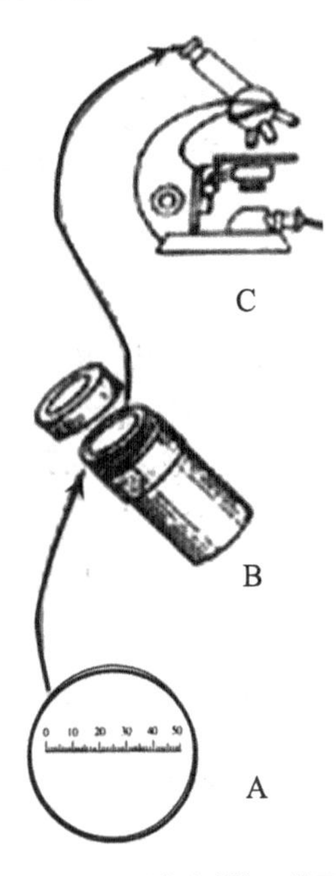

图 4-4　目标测微尺放置示意图

A. 目镜测微尺；B. 旋开接目镜透镜；C. 将接目镜插回镜筒

2. 调焦

将镜台测微尺刻度向上放在镜台上夹好，使测微尺分度位于视野中央。调焦至能看清镜台测微尺的分度。

3. 目镜测微尺的校正

小心移动镜台测微尺和转动目镜测微尺，使两尺左边的一直线重合，然后由左向右找出两尺另一次重合的直线（图 4-5）。

4. 纪录

纪录两条重合线间目镜测微尺和镜台测微尺的格数。计算目镜测微尺每格所代表的实际长度。用同样的方法换成高倍镜和油镜进行校正，分别测出在高倍镜和油镜下，两重合线之间两尺分别所占的格数。

5. 计算

已知镜台测微尺每格 10μm，根据下列公式即可分别算出在不同放大倍数下，目镜测微尺每格所代表的实际长度。

目镜尺每格实际长度（μm）=（两重合线间镜台测微尺的格数/两重合线间目镜测微尺的格数）×10μm（图 4-5 所示）目镜测微尺 20 格，镜台测微尺

2 格，则目镜测微尺每格实际长度为 2×10/20＝1μm。

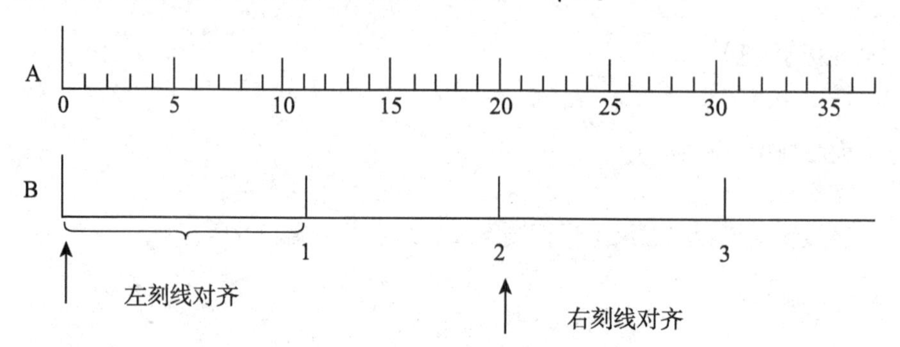

图 4-5　目镜测微尺与镜台测微尺校正示意图

A. 目镜测微尺；B. 镜台测微尺

6. 大肠杆菌菌体细胞大小的测定

取下镜台侧微尺，换上已进行染色的大肠杆菌玻片标本，在油镜下用目镜测微尺测量标本。测定时，通过转动目镜镜筒和移动载物台上的载片测出细菌的长和宽所占的格数，然后再乘以目镜测微尺所代表的实际长度，即为大肠杆菌的实际大小。

【注意事项】

更换不同的物镜都必须使用镜台测微尺对目镜测微尺重新进行校正。

实验 34　光密度法测定大肠杆菌生长曲线

【实验目的】

学习细菌生长曲线的绘制，了解细菌的生物特征和规律。

【实验内容】

1. 通过细菌数量的测量，了解大肠杆菌的生物特征和规律，绘制生长线。
2. 学习光电比浊法测量细菌数量的方法。

【材料和器皿】

1. 材料

大肠杆菌、LB 液体培养基 70ml，分装 2 支大试管（5ml/支），剩余 60ml

装入 250ml 的三角瓶。

2. 仪器或其他用具

分光光度计、水浴振荡摇床、无菌试管、无菌吸管等。

【概述】

光密度（optical density），是指被检测物吸收掉的光密度，常用其英文首字母缩写 OD 表示。细菌培养液 OD 值是根据细菌悬液细胞数与透光度成反比的关系，利用紫外分光光度计测定细胞悬液的光密度（即 OD 值），用于表示该菌在一定实验条件下的相对生长量。

光密度法是将一定数量的细菌，接种于适宜的液体培养基中，在适温条件下培养，定时取样测量，以细菌悬液光密度值为纵坐标，生长时间为横坐标，作出的曲线称为生长曲线。该曲线表明细菌在一定的环境条件下群体生长与繁殖的规律。一般分为延缓期、对数期、稳定期及衰亡期 4 个时期，各时期的长短因菌种本身特征、培养基成分和培养条件不同而异。

【操作步骤】

1. 标记

取 12 支无菌大试管，用记号笔分别标明培养时间，即 0、1.5h、3h、4h、6h、8h、10h、12h、14h、16h、20h 及 CK（不接菌的空白培养液）。

2. 接种

分别用 5ml 无菌吸管吸取 2.5ml 大肠杆菌过夜培养液（培养 10~12h）转入盛有 50ml LB 的三角瓶内，混合均匀后分别取 5ml 混合液放入上述标记的 11 支无菌大试管中。以不添加菌液的空白培养液作对照（CK）。

3. 培养

将已接种的试管置摇床 37℃ 振荡培养（振荡频率 250rpm/min），分别培养 0、1.5h、3h、4h、6h、8h、10h、12h、14h、16h 和 20h，将标有相应时间的试管取出，立即放冰箱中贮存，最后一同比浊测定其光密度值。

4. 比浊测定

用不添加菌液的试管培养液作空白对照，选用 600nm 波长进行光电比浊测定。按照取出培养液的先后开始依次测定，充分振荡后取 1ml 培养液加 3ml 水稀释后进行测定。测定 OD 值前，需将待测定的培养液振荡，使细胞均匀分布。

【注意事项】

所试制的分光光度计附件可否使用，须用一套标准比浊管预测检验，待测定性能稳定后才能正式用于测定。

【结果与分析】

1. 将测定的 OD_{600}值填入表 4-3 中。

表 4-3　不同培养时间大肠杆菌的生长量

培养时间（h）	0	1.5	3	4	6	8	10	12	14	16	20
OD_{600}											

2. 以时间为横坐标、OD_{600}值为纵坐标绘制大肠杆菌的生长曲线。

【问题和思考】

1. 如果用活菌计数法制作生长曲线，你认为会有什么不同？两者各有什么优缺点？

2. 细菌生长繁殖所经历的 4 个时期中，哪个时期其代时最短？

实验 35　紫外线的杀菌作用

【实验目的】

1. 学习紫外线杀灭微生物的方法和原理。

2. 掌握应用紫外线杀菌的实验操作步骤和效果测试。

【实验内容】

测试紫外线对大肠埃希氏菌及芽孢杆菌的杀菌效果。

【材料和器皿】

1. 菌种

大肠埃希氏菌、芽孢杆菌等菌悬液。

2. 培养基

牛肉膏蛋白胨培养基、葡萄糖蛋白胨培养基、豆芽汁葡萄糖培养基、察氏培养基。

3. 其他

培养皿、无菌水、无菌滴管、水浴锅、黑纸、紫光灯。

【概述】

紫外线杀菌灯灯管是由石英玻璃制成的汞灯。根据点亮后的灯管内汞蒸气压的不同和紫外线输出强度的不同，分为低压低强度汞灯、中压高强度汞灯和低压高强度汞灯 3 种。其杀菌效果由微生物所接受的照射剂量决定，同时紫外线的输出能量、灯的类型、光强和使用时间也影响到杀菌效果。随着灯的老化，它将丧失 30%～50%的强度。

紫外照射剂量是指达到一定的细菌灭活率时，需要特定波长紫外线的量：照射剂量（J/m^2）＝照射时间（s）×UVC 强度（W/m^2）。照射剂量越大，消毒效率越高。由于设备尺寸要求，一般照射时间只有几秒。因此，灯管的 UVC 输出强度就成了衡量紫外光消毒设备性能最主要的参数。在城市污水消毒中，一般平均照射剂量在 $300J/m^2$以上。紫外线照射后细菌有可能出现光复活现象，则降低了杀菌效果。杀菌效率要求越高，所需的照射剂量越大。影响微生物接受到足够紫外光照射剂量的主要因素是透光率（254nm 处），当 UVC 输出强度和照射时间一定时，透光率的变化将造成微生物实际接受剂量的变化。

【操作步骤】

1. 制备供试平板

将牛肉膏蛋白胨培养基溶化后倒 4 个平板，凝固后待用，注明供试菌种，每个菌株作 2 个处理，遮盖与未遮盖。

2. 涂菌与遮盖

分别用无菌移液管取培养 18～20h 的菌液 0.1ml（或 2 滴），滴加在相应的平板上，再用无菌涂布棒涂布均匀，其中一个平板用黑纸遮盖。

3. 紫外线照射

紫外灯预热 10～15min 后，平板培养皿置于紫外灯下，打开培养皿盖，紫外线照射 20min（照射剂量以平板未被黑纸遮盖部位仍有少量菌落出现为宜），移去黑纸，盖上皿盖。

4. 培养与观察

37℃培养 24h 后观察结果，比较 2 种菌对紫外线的耐受性或抵抗能力的强弱。

【注意事项】

1. 紫外线对人体皮肤细胞等均具有杀伤作用，尽量避免其直射，特别要避免裸眼灼伤事故的发生等。

2. 紫外线杀菌效果因菌而异，因介质不同而其效果也不同，处理前可做各种条件实验来确定。

【结果与分析】

将观察结果记录在表 4-4 中。

表 4-4　紫外线对不同细菌的杀菌效果

供试为生物	不同因素	培养结果
大肠埃希氏菌	紫外线照射	
	遮盖	
芽孢杆菌	紫外线照射	
	遮盖	

【问题和思考】

本实验中 2 种菌株对紫外线的敏感性是否一致，为什么？

实验 36　紫外线对细菌的诱变作用

【实验目的】

了解紫外线的诱变原理，掌握用紫外线进行诱变处理的的方法。

【实验内容】

测定紫外线对紫色色杆菌的诱变作用。

【概述】

紫外线是一种最常用的物理诱变因素，它的主要作用是使 DNA 双链中的两个相邻的嘧啶核苷酸形成二聚体，并阻碍双链的解开和复制，从而引起基因突变，最终导致表型的变化。紫外线照射后造成的 DNA 损伤，一般在可见光照射下，由于光激活酶的作用，可将嘧啶二聚体解开，使其恢复正常，这称为光复活作用。为了避免光复活，当用紫外线进行诱变处理时以及处理后的操作都应在红光下进行，并且应将微生物放在黑暗的条件下进行培养。

紫外线照射剂量测定通常用紫外线剂量测定仪。若无该仪器，可采用其相对剂量来表示，剂量大小与紫外灯的功率、距离和照射时间有关。在前两者不变的情况下，相对剂量可用照射时间来表示。

【材料和器皿】

1. 菌种

紫色色杆菌（*Chromobacterium violaceum*）。

2. 培养基

牛肉膏蛋白胨培养基（液体和固体）、生理盐水。

3. 器皿

无菌培养皿、无菌试管、无菌移液管（5ml、1ml）、150ml 三角瓶（内装玻璃珠）、无菌离心管等。

4. 仪器

紫外灯、磁力搅拌器。

【操作步骤】

1. 接菌种

从培养 24h 斜面菌种上挑取紫色色杆菌一环，转接入装有 20ml 牛肉膏蛋白胨培养液锥形瓶中。摇匀，置 32℃下培养 16~18h。

2. 制备菌液

将菌液进行离心（3 500rpm/min，离心 15min），弃上清液，再用生理盐水洗涤 2 次，重新悬浮于 10ml 生理盐水中，将菌悬液倒入装有玻璃珠的无菌三角瓶中，充分振荡，可视菌液浓度大小用生理盐水适当稀释。

3. 紫外线照射

预热紫外灯 30min 后各取 3ml 菌液分别置于两个培养皿中，分别注明 1min 和 2min。将培养皿置于磁力搅拌器上，打开开关使菌液不停地旋转，先将一个 2min 的培养皿照射 1min 后，再打开标有 1min 皿盖的培养皿并计，达到照射时间后，立即盖上皿盖，关闭紫外灯。

4. 稀释菌液（在暗室红灯下进行）

（1）制备牛肉膏蛋白胨琼脂平板。在每皿上分别注明照射时间及菌液的稀释度，每个处理作3个重复。

（2）稀释。将照射1min和2min的菌液分别稀释10倍成10^{-1}及原液两种浓度。

（3）涂布菌液。用200μl枪头吸取不同照射时间的原菌液和10^{-1}菌液0.1ml于相应的琼脂平板上，用涂布棒均匀的涂开。

5. 培养

将所有培养皿用黑纸包扎，倒置于培养皿桶内，在32℃下培养过夜，第2d取出，计算紫色和白色菌落数。

6. 稀释对照菌液（未照射菌液）

将未照射菌液稀释成10^{-1}～10^{-6}，然后从10^{-5}、10^{-6}两管中各吸0.1ml菌液于牛肉膏蛋白胨平板上（每个稀释度做3个皿），用无菌涂布棒涂布均匀后，倒置于32℃条件下培养过夜，第2d取出，计菌落数，将结果记录在表4-5中。

【注意事项】

1. 用作诱变处理的菌液应尽量使其分散成单细胞，使每个细胞能均匀的接触诱变剂，以避免长出不纯的单菌落。

2. 照射后的操作必须在暗室内红光下进行。

3. 因培养温度将影响紫色细菌色素的形成，故宜置32℃条件下培养。

【结果记录】

将计得菌落数记录在表4-5中。

表4-5　紫外线对紫色色杆菌诱变测试

		对照		紫外线照射			
				照射1min		照射2min	
稀释倍数		10^{-5}	10^{-6}	原液	10^{-1}	原液	10^{-1}
每皿菌落数（个）	紫色						
	白色						
活菌数（个·ml^{-1}）	紫色						
	白色						

【问题和思考】

1. 紫外线引起诱变作用的机制是什么？为保证诱变效果，在照射中及照射后的操作应注意哪些问题？

2. 在制备供照射用的菌液时，应控制哪些影响诱变效果的因素？

实验 37　温度、pH 值、盐度对细菌生长的影响

【实验目的】

1. 了解物理及化学因素对微生物生长的影响。

2. 学会自己设计实验，测试一些环境因子对微生物影响的方法。

【实验内容】

测试不同温度、pH 值、盐度对大肠埃希氏菌生长的影响。

【材料和器皿】

1. 菌种

大肠埃希氏菌（*Escherichia coli*）。

2. 培养基

LB 培养基（液体和固体）、生理盐水。

3. 器皿

无菌培养皿、无菌试管、移液枪及枪头、150ml 三角瓶（内装玻璃珠）、水浴振荡器等。

【操作步骤】

1. 温度对微生物生长的影响

（1）制备菌悬液。取培养 18~20h 的大肠埃希氏菌斜面，用 4ml 无菌生理盐水刮洗斜面菌苔，制成菌悬液备用。

（2）加样。取 18 支装试管，每支试管含有 10ml 无菌 LB 培养液，依次编号 5℃、15℃、25℃、35℃、45℃、50℃ 6 个温度，每一温度 3 个重复。用移液枪吸取 100μl 菌悬液，滴加入上述试管，混匀。

（3）选温培养。将上述试管分别置于相应温度（5℃、15℃、25℃、

35℃、45℃、50℃）的水浴振荡器培养 24h，在 600nm 下用分光光度计测定吸光度（OD_{600}），可以蒸馏水作对照，菌液稀释 3 倍（菌液 1ml+蒸馏水 3ml）测定 OD_{600} 值。

（4）记录结果。

2. 影响微生物生长的 pH 值因素

（1）配制培养基。配制 LB 液体培养基，分别调 pH 值至 4.5、5、6、7、8、9.5 后分装试管，每种 pH 值分装 3 支，每管 10ml 培养液，121℃灭菌 20min，备用。

（2）菌悬液制备及加样同上。

（3）培养与观察。将各试管置于 37℃培养 24h 后观察结果。用 721 型光电比浊法测定菌液浓度（OD_{600}），判定大肠埃希氏菌最适生长的 pH 值。

（4）记录结果。

3. 影响微生物生长的盐度

（1）配制培养基。配制 LB 液体培养基，用氯化钠分别调盐度至 0、1%、3%、5%、10%、20%NaCl 后分装试管，每种盐度分装 3 支，每管 10ml 培养液，121℃灭菌 20min，备用。

（2）菌悬液制备及加样同上。

（3）培养与观察。将各试管置于 37℃培养 24h 后观察结果。用 721 型光电比浊法测定菌液浓度（OD_{600}），判定大肠埃希氏菌耐受的盐度范围。

（4）记录结果。

【注意事项】

1. 温度设定应保持稳定。可用温度计提前标定。
2. 在测定菌株对 pH 值耐受能力时，可适当扩大 pH 值的范围。
3. 接种前要将种子充分摇匀，接种时要保证接种量一致。
4. 测定 OD 值时要摇匀后再取培养液。

【结果记录】

1. 将实验结果记录在表 4-6 中。

表 4-6 大肠埃希氏菌不同温度、pH 值、盐度下的生长量

温度（℃）	OD_{600}	pH 值	OD_{600}	盐度（%）	OD_{600}
5		4.5		0	

（续表）

温度（℃）	OD_{600}	pH 值	OD_{600}	盐度（%）	OD_{600}
15		5		1	
25		6		3	
35		7		5	
45		8		10	
50		9.5		20	

2. 根据上述测定结果绘制大肠杆菌不同环境条件与生物量关系图，并分析大肠杆菌适宜的生长温度、pH 值和盐度。

【问题和思考】

细菌生物量的测定方法还有哪些？请试着使用其他方法设计该实验。

实验 38　微生物与氧关系的检测

【实验目的】

了解微生物在不同氧条件下的生长状况。

【实验内容】

测试不同氧容量对大肠杆菌生长的影响。

【材料和器皿】

1. 材料

大肠杆菌（*E. coli*）斜面菌种、LB 培养基。

2. 仪器

吸量管、250ml 锥形瓶、恒温振荡器、分光光度计、比色杯等。

【概述】

氧约占空气的 1/5，对微生物的生命活动有着极其重要的影响；同时，地球上也有很多缺氧的环境，诸如水底、沼泽地、水田、堆肥及动物肠道等，这些环境同样存在着种类繁多、数目庞大、与人类关系密切的厌氧微生物，它们绝大多数是细菌、放线菌，特殊环境下还有古生菌的存在，而真菌和原生动物种类极其稀少。

溶解在水体中的氧我们称为溶解氧。水体中的好氧微生物以溶解氧赖以生存。不同的微生物对溶解氧的要求是不一样的。好氧微生物需要供给充足的溶解氧，一般来说，溶解氧应维持在 3mg/L 为宜，最低不应低于 2mg/L；兼性厌氧或兼性好氧微生物要求溶解氧的范围在 0.2~2.0mg/L；而厌氧微生物要求溶解氧的范围在 0.2mg/L 以下。

【操作步骤】

1. 菌种活化

将冰箱中储藏的大肠杆菌斜面菌种转接至牛肉膏蛋白胨斜面培养基上，37℃培养 18~20h，备用。

2. 液体菌种的制备

取上述活化的大肠杆菌一环接入盛有 20ml 牛肉膏蛋白胨培养基的 100ml 三角瓶中，37℃，150rpm/min 摇床培养 16~18h 作为供试种子。

3. 不同转速对大肠杆菌生长的影响

取装有 100ml LB 培养液的锥形瓶 4 组（标号 1~4 号），每组 2 瓶，按 0.5%的接种量接入上述大肠杆菌液体菌种，1 号静置于温箱中，2~4 号分置 75rpm/min、150rpm/min 和 225rpm/min 摇床，在 37℃下培养 12~16h。用分光光度计测定每个瓶中的 OD 值（λ=600nm）。将结果记录在表 4-7 中。

4. 不同瓶装量对大肠杆菌生长的影响

取分别装有 LB 培养基体积为 50ml、75ml、100ml 及 150ml 的锥形瓶，分为 4 组（5~8 号），按 0.5%的接种量接入大肠杆菌液体菌种，置于 37℃，150rpm/min 摇床培养 12~16h。培养结束后用分光光度计测定每个瓶中培养液的 OD 值（λ=600nm）。实验结果记录于表 4-8 中。

【结果记录】

1. 将测定结果记录在表 4-7 和表 4-8 中。

表 4-7 不同转数对大肠杆菌生长量的影响

转数（rpm/min）	OD600			
	1	2	3	平均值
0				

（续表）

转数（rpm/min）	OD600			
	1	2	3	平均值
75				
150				
225				

表 4-8　不同瓶装量对大肠杆菌生长量的影响

瓶装量（ml）	OD600			
	1	2	3	平均值
50				
75				
100				
150				

2. 绘制曲线。分别以转速或瓶装量为横坐标，以 OD_{600} 值为纵坐标绘制大肠杆菌生长与氧关系的曲线，并进行分析。

【注意事项】

接种前要将种子充分摇匀，接种时要保证接种量一致。严格无菌操作，以免污染。测定 OD 值时要摇匀后再取培养液。

【问题和思考】

1. 根据微生物与氧的关系，可将微生物分为哪几大类？
2. 专性厌氧微生物为什么在有氧的条件下不能生长？
3. 试设计一个实验，如何测定放线菌或霉菌与氧的关系？

第五章　菌种保藏技术

实验 39　常用的简易保藏法

【实验目的】

了解菌种保藏的基本原理，并掌握几种常用简便的菌种保藏方法。

【实验内容】

1. 细菌斜面保藏。
2. 放线菌斜面保藏。
3. 酵母菌斜面保藏。
4. 真菌斜面保藏。

【概述】

微生物菌种保藏工作是一项重要的微生物学基础工作。是将从自然界分离到的野生型菌株或经人工选育的纯种妥善保藏，减少变异，保持菌种原有的各种优良培养特征和生理活性。

微生物菌种保藏的基本原理是使微生物的生命活动处于半永久性的休眠状态，也就是使微生物的新陈代谢作用限制在最低的范围内。干燥、低温和隔绝空气是保证获得这种状态的主要措施。有针对性的创造干燥、低温和隔绝空气的外界条件是微生物菌种保藏的基本技术。

【材料和器皿】

1. 培养基

牛肉膏蛋白胨斜面培养基、牛肉膏蛋白胨液体培养基、高氏一号斜面培养基、麦芽汁斜面培养基、马铃薯斜面培养基。

2. 试剂

10%盐酸、无水氯化钙、30%灭菌甘油、五氧化二磷。

3. 器皿

安瓿管、1ml 灭菌离心管、移液枪、1ml 和 5ml 无菌枪头、小三角瓶、250ml 三角瓶等、真空泵、干燥器、无菌水、接种针、接种环、棉花、角匙、标签。

【操作步骤】

一、细菌的保存

1. 斜面保藏

（1）贴标签。取无菌牛肉膏蛋白胨斜面数支，在斜面的正上方距离试管口 2~3cm 处贴上标签。在标签纸上写明接种的细菌菌名编号、培养基名称及接种日期。

（2）斜面接种。将待保藏的细菌用接种环以无菌操作在斜面上划线接种。

（3）培养。置 37℃ 恒温箱中培养 48h。

（4）保藏。斜面长好后，直接放入 4℃ 的冰箱中保藏，这种方法可保藏 3~6 个月。

2. 甘油保藏

（1）培养液体菌种。将菌种接种于牛肉膏蛋白胨液体培养基，37℃ 培养 24h 至菌种至指数生长期。

（2）标记。在 1ml 无菌离心管用记号笔标记好菌株编号及日期。

（3）接种。用枪吸取 300μl 30%灭菌甘油及 600μl 液体菌种置于离心管。

（4）保藏。置于-20℃冷冻箱保藏。

3. 沙管保藏

（1）取干净河沙用 24 目筛子过筛，将过筛沙放在大烧瓶内，用 10%盐酸浸泡 24h 后，倒去盐酸，用清水和蒸馏水洗至中性，烘干。

（2）分装在安瓿管中，装入量高达 1cm 左右，塞好棉塞，0. 1MPa 灭菌 40min，取出烘干。

（3）随机抽查无菌情况，将沙管倒入肉汤培养基中，37℃ 培养 48h，检查有无杂菌，若有杂菌需重新灭菌，再做无菌检查，若无杂菌即可备用。

（4）将新鲜健壮的斜面菌种用无菌生理盐水制成均匀的菌悬液，用无菌枪头吸取 1~1. 5ml 菌悬液移入管中，以使沙湿润为宜，并用接种针将沙和菌液搅拌均匀。

（5）将安瓿管放在真空干燥器内，用真空泵抽干水分。

（6）从已制好的沙管中抽出一管，取少量沙粒接种于斜面培养基上，观察生长情况和菌落数的多少，如生长正常可用火焰熔封管口，或用液体石蜡密封。沙管放入小干燥器中，置冰箱保存。

二、放线菌保藏

1. 斜面法

用高氏一号斜面培养基，其方法与细菌保存法相同。每 3 个月移植一次。

2. 琼脂水法

（1）在蒸馏水中加入 0.125%优质琼脂，0.1MPa 灭菌 30min。

（2）将待保存的放线菌移接在高氏一号斜面培养基上，培养 2 周后取 5~6ml 灭菌琼脂水加入斜面，制成孢子悬液。

（3）无菌移入具塞的小瓶中，密封，低温下可保存 3 年左右。

三、酵母菌保藏

1. 斜面法

采用麦芽汁琼脂斜面。操作方法同前。保藏于 4~6℃，每 4~6 个月移植一次。对于裂殖酵母、阿氏假囊酵母等需 1~2 个月移植一次。

2. 蒸馏水法

（1）将酵母菌接种于麦芽汁琼脂斜面培养基上，25℃培养两周。

（2）用无菌吸管灭菌的蒸馏水（用玻璃器皿蒸馏的蒸馏水）5ml 加入斜面上，再用吸管轻轻拨动斜面上的菌体，使成均匀的分散悬液。

（3）在无菌条件下移入灭菌小三角瓶中，塞上灭菌橡皮塞，石蜡密封，置冰箱或室温中。可保存 2 年左右。

四、霉菌保藏

1. 斜面法

将待保存的霉菌移接到马铃薯葡萄糖斜面培养基上，28℃培养到产生健壮孢子或菌体后，置冰箱或低温干燥保存。每隔 4~6 个月移植一次。

2. 土壤法

此法对保存青霉、曲霉和毛霉效果较好。

（1）取肥沃土壤，过筛装入 10mm×10mm 的小试管中，装量高达 1cm 左右，包扎，0.1MPa 灭菌 30min，取出烘干。

（2）将霉菌培养至产生健壮孢子，制备浓的孢子悬液。

（3）用无菌吸管吸取孢子悬液接种于土壤中，每管接种量 0.5~1ml，以湿润土壤为宜，搅匀。

（4）干燥后（自然或减压干燥），密封，低温保存。

【注意事项】

1. 操作过程中需无菌操作，各器皿需灭菌。

2. 用于保藏的菌种应选用健壮的细胞或成熟的孢子，因此掌握培养时间（菌龄）很重要，不宜用幼嫩或衰老的细胞作为保藏菌种。

实验 40　液氮超低温保藏法

【实验目的】

了解液氮超低温保藏菌种的原理和方法。

【概述】

液氮超低温保藏法是将待保藏的菌种分散在保护剂中，或者把琼脂平板上生长良好的培养物条块原封不动的置于保护剂中，经预冻后保藏在液氮超低温中（-196~-150℃）。在该温度下，微生物的代谢处于停顿状态，因此可降低变异率和长期保持原种的性状。对于用冷冻干燥保藏法或其他保藏有困难的微生物如支原体、衣原体及难以形成孢子的霉菌、小型藻类或原生动物等都可用本法长期保藏，这是当前保藏菌种最理想的方法。

为了减少超低温冻结菌种时所造成的损伤，须将其悬浮于低温保护剂，然后再分装至安瓿管内进行冻结，常见的保护剂有甘油（20%）、DMSO（10%）、葡聚糖（5%）、羟乙基淀粉（5%）。冻结方法包括慢速冻结和快速冻结两种。慢速冻结指在冻结器控制下，以每分钟下降 1~5℃的速度使样品由室温下降到-40℃后，立即将样品放入液氮贮藏器中作超低温冻结保藏。快速冻结指装有菌液的安瓿管直接放入液氮冰箱作超低温冻结保藏。

由于细胞种类不同，其渗透性也有差异，要使细胞冻结至-196~-150℃，每种生物所能适应的冷冻速度也不同，因此须根据具体的菌种，通过实验来决定冷却速度。

【材料和器皿】

1. 菌种

待保藏且生长良好的 *E. coli* 菌种。

2. 培养基

牛肉膏蛋白胨斜面培养基。

3. 设备

液氮生物贮存罐（液氮冰箱）、控制冷却速度装置、安瓿管、铝夹、低温冰箱。

4. 试剂

20%甘油、10%二甲基亚枫（简称 DMSO）。

【操作步骤】

1. 制备安瓿管

用于超低温保藏菌种的安瓿管必须用能经受 121℃高温和-196℃冻结处理的硬质玻璃制成。如放在液氮气相中保藏，可使用聚丙烯塑料做成的带螺帽的安瓿管（也要能经受高温灭菌和超低温冻结的处理）。安瓿管大小以容量 2ml 为宜。

安瓿管先用自来水洗净，再用蒸馏水洗两遍，烘干。将标有菌名和接种日期的标签放入安瓿管上部，塞上棉塞，进行加压蒸汽灭菌（121℃灭菌 30min）后，备用。

2. 制备保护剂

配制 20%甘油或 10%DMSO 水溶液，然后进行加压蒸汽灭菌（121℃灭菌 30min）

3. 制备菌悬液

将单细胞微生物接种到合适的培养基上，并在合适的温度下培养至稳定期，吸取适量无菌生理盐水置于斜面菌种管内，用接种环将菌苔从斜面上轻轻的刮下，制成均匀的菌悬液。

4. 加保护剂

吸取上述菌液 2ml 于无菌试管中，再加入 2ml 20%甘油或 10%DMSO，充分混匀。保护剂的最终体积浓度分别为 10%或 5%。

5. 分装菌液

将含有保护剂的菌液分装到安瓿管中，每管装 0.5ml。如果要将安瓿管放于液氮液相中保藏，则管口必须用火焰密封，以防液氮进入管内。熔封后将安瓿管浸入次甲基蓝溶液中于 4~8℃静置 30min，观察溶液是否进入管内，只有经密封检验合格者，才可进行冻结。

6. 冻结

在控速冻结器控制下，使样品每分钟下降1℃或2℃，当下降至-40℃后，立即将安瓿管放入液氮冰箱中进行超低温冻结。

7. 保藏

液氮超低温保藏菌种时，将安瓿管放入提桶内，再放入液氮中保藏（-196℃）。

8. 解冻恢复培养

将安瓿管从液氮冰箱中取出，立即放入38℃水浴中解冻，由于安瓿管内样品少，约3min即可融化。如果要测定保藏后的存活率即作定量稀释后进行平板计数，再与冻结前计数比较，即可求出存活率。

【注意事项】

1. 放在液相中保藏的安瓿管，管口务必熔封严密。
2. 从液氮冰箱取安瓿管时，务必戴好防护罩、手套，以防冻伤。

【问题和思考】

在液氮液相中保藏菌种时要注意什么问题?

实验41　冷冻真空干燥保藏法

【实验目的】

掌握冷冻干燥保藏菌种的方法。

【概述】

冷冻干燥法可长期（10年以上）保存菌种，且存活率高、变异小。适用此法的微生物种类多，除不生孢子的丝状真菌外，其他各类微生物均可用此法保存。因此，冻干法是目前国内外一致认为比较理想的菌种保藏方法。在冷冻过程中，为了避免恶劣条件对微生物的损害，常采用添加保护剂的方法。常用作保护剂的有脱脂牛奶、血清等。

【材料和器皿】

1. 菌种

待保藏的各种菌种。

2. 试剂

2%盐酸、牛奶。

3. 仪器与用品

离心机、冷冻真空干燥机、安瓿管、标签、长滴管、脱脂棉、干冰。

【操作步骤】

1. 准备安瓿管

安瓿管先用2%盐酸浸泡8~10h，再用自来水冲洗多次，最后用蒸馏水洗1~2次，烘干。将印有菌名和接种日期的标签放入安瓿管内，管口塞上棉花。用牛皮纸包扎后，0.1MPa灭菌30min。

2. 制备脱脂牛奶

将新鲜的牛奶煮沸，冷却后待脂肪漂浮于液面成层时，除去上层油脂。然后用脱脂棉过滤后离心15min（3 000rpm/min，4℃），直至除尽脂肪为止。如选用脱脂牛奶，可直接配成20%乳液，分装，灭菌（112℃灭菌30min），并作无菌检验。

3. 制备菌悬液

吸取3~4ml无菌脱脂牛奶于培养成熟的斜面菌种里，用接种环轻轻刮取斜面上的菌苔，使成分散均匀的浓厚悬液，细胞数控制在10^{9-10}个/ml。

4. 分装菌液

用无菌长滴管吸取菌悬液滴入灭菌并烘干的安瓿管底部，勿沾染管壁，每管0.2ml。

5. 预冻菌液

将装有菌液的安瓿管置于低温冰箱中（-45~-35℃）或冷冻真空干燥机冷凝器室中，冻结1h。

6. 冷冻干燥

（1）初步干燥。启动冷冻真空干燥机制冷系统，当温度下降到-45℃时，将装有已冻结菌液的安瓿管迅速置于冷冻真空干燥机钟罩内，开动真空泵进行真空干燥。继续抽真空，当真空度达到13.3~26.7Pa（0.1~0.2Torr）后，维持6~8h。此时样品发酥，并从安瓿管内壁脱落，可认为已经初步干燥了。

（2）取出安瓿管。先关闭真空泵，再关制冷机，然后打开进气阀，使钟罩内真空度逐渐下降，直至与室内气压相等后打开钟罩，取出安瓿管。

（3）第二次干燥。将上述安瓿管近顶部塞有棉花的下端处用火焰烧熔并拉成细颈，再将安瓿管装在该机的多歧管上，启动真空泵，室温抽真空（冷凝器室中置放一含适量 P_2O_5 的塑料盒），或在-45℃下抽真空（冷凝室不需放干燥剂）。干燥时间应根据安瓿管的数量、保护剂性质及菌液量而定，一般为2~4h。

7. 封管

样品干燥后，继续抽真空达1.33Pa时，在安瓿管细颈处用火焰灼烧熔封。

8. 检测真空度

熔封后的安瓿管是否保持真空，可采用高频率电火花发生器测试，即将发生器产生火花触及安瓿管的上端（切勿直射菌种），使管内真空放电。若安瓿管内发出淡蓝色或淡紫色电光，说明管内真空度符合要求。

9. 保存

将上述符合要求的安瓿管置4℃冰箱保存。

10. 恢复培养

先用75%乙醇消毒安瓿管外壁，然后将安瓿管上部在火焰灼烧，在烧热处滴几滴无菌水，使管壁产生裂痕，放置片刻，让空气从裂缝中慢慢进入管内，然后将裂口端敲断，这样可防止空气因突然开口而冲入管内使菌粉飞扬。再将少量合适培养液加入安瓿管中，使干菌粉充分溶解，后用无菌的长颈滴管吸取菌液至合适培养基中，也可用无菌接种环挑取少许干菌粉至合适培养基中，置最适温度下培养。

【注意事项】

1. 在进行真空干燥过程中，安瓿管内样品应保持冻结状态，这样在抽真空时样品不会因产生泡沫而外溢。

2. 熔封安瓿管时，封口处火焰灼烧要均匀，否则易造成漏气。

【问题和思考】

1. 预冻后，样品真空干燥要求在什么条件下进行？

2. 将保藏菌种的安瓿管打开恢复培养时，应注意什么问题？

附　　录

附录 1　常用培养基成分

1. 牛肉膏蛋白胨固体培养基

牛肉膏 3g、蛋白胨 10g、NaCl 5g、琼脂 15~20g、水 1 000ml，pH 值 7.2~7.4。

制法：在烧杯内加水 100ml，放入牛肉膏、蛋白胨和氯化钠，用蜡笔在烧杯外作上记号后，放在火上加热。待烧杯内各组分溶解后，加入琼脂，不断搅拌以免粘底。等琼脂完全溶解后补足失水，用 10%盐酸或 10%的氢氧化钠调整 pH 值到 7.2~7.4，分装在各个试管里，加棉花塞，用高压蒸汽灭菌 30min。

2. 马铃薯葡萄糖琼脂培养基

马铃薯 200g、葡萄糖 20g、琼脂 15~20g、自来水 1 000ml，自然 pH 值。

制法：把马铃薯洗净去皮后，切成小块。称取马铃薯小块 200g，加水 1 000ml，煮沸 20min 后，过滤。在滤汁中补足水分到 1 000ml，即成 20%马铃薯煮汁。在马铃薯煮汁中加入琼脂和葡萄糖，煮沸，使它溶解后，补足水分，分装，灭菌，备用。使用该培养基对 pH 值要求不严格，可以不测定。

3. 根瘤菌培养基

葡萄糖 10g、$K_2HPO_4 \cdot 3H_2O$ 0.5g、$CaCO_3$ 3g、$MgSO_4 \cdot 7H_2O$ 0.2g、酵母粉 0.4g、琼脂 20g、水 1 000ml、1%结晶紫溶液 1ml。

4. 麦芽汁液体培养基

称取 100g 麦芽粉，加入 400ml 水、0.5g 糖化酶，于 35℃水浴锅中糖化 0.5h，然后升温至 55℃糖化 1h、62℃糖化 2.5h、72~75℃糖化 1h 后于 121℃灭菌 20min，过滤后于冰箱中备用。

5. 淀粉琼脂培养基（高氏培养基）

可溶性淀粉 20g、KNO_3 1g、$K_2HPO_4 \cdot 3H_2O$ 0.5g、NaCl 0.5g、$MgSO_4 \cdot 7H_2O$ 0.5g、$FeSO_4 \cdot 7H_2O$ 0.01g、琼脂 20g、水 1 000ml，pH 值7.2~7.4。

制法：先把淀粉放在烧杯里，用 5ml 水调成糊状后，倒入 95ml 水，搅匀后加入其他药品，使它溶解。在烧杯外做好记号，加热到煮沸时加入琼脂，不停搅拌，待琼脂完全溶解后，补足失水。调整 pH 值到 7.2~7.4，分装后灭菌，备用。

6. 酵母菌富集培养基

葡萄糖 50g、尿素 1g、$(NH_4)_2SO_4$ 1g、KH_2PO_4 2.5g、Na_2HPO_4 0.5g、$MgSO_4 \cdot 7H_2O$ 1g、$FeSO_4 \cdot 7H_2O$ 0.1g、酵母膏 0.5g、孟加拉红 0.03g、蒸馏水1 000ml，pH 值 4.5。

7. Ashby 无氮培养基（富集好养自生固氮菌）

甘露醇 10g、KH_2PO_4 0.2g、$MgSO_4 \cdot 7H_2O$ 0.2g、NaCl 0.2g、$CaSO_4 \cdot 2H_2O$ 0.1g、$CaCO_3$ 5g、蒸馏水 1 000ml、琼脂 15~20g，pH 值 7.2~7.4。

8. 伊红美蓝培养基（又称 EMB 培养基，常用于鉴别 *E. coli*）

蛋白胨 10g、乳糖 5g、蔗糖 5g、K_2HPO_4 2g、伊红 Y 0.4g、美蓝 0.065g、蒸馏水 1 000ml，pH 值 7.2。

9. 马丁氏培养基（用于筛选土壤真菌）

葡萄糖 10g、蛋白胨 5g、KH_2PO_4 1g、$MgSO_4 \cdot 7H_2O$ 0.5g、0.1%孟加拉红溶液 3.3ml、琼脂 15~20g、蒸馏水 1 000ml、2%去氧胆酸钠溶液 20ml（分别灭菌，使用前加入）、10 000U/ml 链霉素溶液 3.3ml（用无菌水配制，使用前加入），pH 值自然。

链霉素的加入：链霉素受热容易分解，临用前将培养基溶化后待温度降至45℃左右时再加入。可先将链霉素配成 1%的溶液，在 100ml 的培养基中加入1%链霉素 0.3ml，使每毫升培养基含链霉素 30μg。

10. 钾细菌培养基

甘露醇（或蔗糖）10g、酵母膏 0.4g、$K_2HPO_4 \cdot 3H_2O$ 0.5g、$MgSO_4 \cdot 7H_2O$

0.2g、NaCl 0.2g、$CaCO_3$ 1g、琼脂15~20g、蒸馏水1 000ml，pH值7.4~7.6。

11. LB培养基

胰蛋白胨10g、酵母膏5g、NaCl 10g，pH值7.2。

12. 查氏培养基（培养霉菌）

蔗糖或葡萄糖30g、$NaNO_3$ 2g、$K_2HPO_4 \cdot 3H_2O$ 1g、KCl 0.5g、$MgSO_4 \cdot 7H_2O$ 0.5g、$FeSO_4 \cdot 7H_2O$ 0.01g、琼脂15~20g、蒸馏水1 000ml，pH值自然。

13. 生孢培养基（鉴别芽孢）

酵母膏0.7g、蛋白胨1.0g、葡萄糖1.0g、$(NH_4)_2SO_4$ 0.2g、$MgSO_4 \cdot 7H_2O$ 0.2g、K_2HPO_4 1.0g、琼脂15~20g、水1 000ml，pH值7.2。

14. 亚硝酸细菌培养基

$(NH_4)_2SO_4$ 2.0g、NaH_2PO_4 0.25g、K_2HPO_4 0.75g、$MnSO_4 \cdot 4H_2O$ 0.01g、$MgSO_4 \cdot 7H_2O$ 0.03g、Na_2CO_3 1.0g、琼脂15~20g、水1 000ml，pH值7.2。

15. 硝酸细菌培养基

硝酸钠 1.0g、NaH_2PO_4 0.25g、K_2HPO_4 0.75g、$MnSO_4 \cdot 4H_2O$ 0.01g、$MgSO_4 \cdot 7H_2O$ 0.5g、$CaCO_3$ 5.0g、水1 000ml，pH值7.2。

16. 反硝化细菌培养基

柠檬酸钠5.0g、KNO_3 2.0g、K_2HPO_4 1.0g、KH_2PO_4 1.0g、$MgSO_4 \cdot 7H_2O$ 0.2g、水1 000ml，pH值7.2~7.5。

17. 硫化细菌培养基

五水硫代硫酸钠（$Na_2S_2O_3 \cdot 5H_2O$）5.0g、$NaHCO_3$ 1.0g、Na_2HPO_4 0.2g、NH_4Cl 0.1g、$MgCl_2$ 0.1g、水1 000ml。

18. 反硫化细菌培养基

酒石酸钠5.0g、天门冬素2.0g、$FeSO_4 \cdot 7H_2O$ 0.01g、K_2HPO_4 1.0g、水1 000ml。

19. 硅酸盐细菌培养基

蔗糖 5.0g、$MgSO_4 \cdot 7H_2O$ 0.5g、$CaCO_3$ 0.1g、Na_2HPO_4 2.0g、$FeCl_2$ 0.05g、土壤矿物 1.0g、琼脂 20g、水 1 000ml，pH 值 7.0~7.5。

注：土壤矿物，除去有机残体的土壤，加 6mol/L HCI（土壤量的 10 倍）煮沸 30min，过滤用蒸馏水淋洗至无氯离子。

20. 酪素培养基（用于蛋白酶菌株的筛选）

A 液：称取 $Na_2HPO_4 \cdot 7H_2O$ 1.07g、干酪素 4g，加适量蒸馏水加热溶解。

B 液：称取 $KH_2PO_4$0.3g，加水溶解。

酪素水解液配制：1g 酪蛋白溶于碱性缓冲液中，加入 1%的枯草芽孢杆菌蛋白酶 25ml，加水至 100ml，30℃水解 1h。

A、B 液混合后，加入酪素水解液 0.3ml、琼脂 20g，用蒸馏水定容至 1 000ml。

21. 酚红半固体柱培养基（用于检测氧与菌生长的关系）

蛋白胨 1g、葡萄糖 10g、玉米浆 10g、琼脂 7g、水 1 000ml，pH 值 7.2。调好 pH 值后加入 1.6%酚红溶液数滴，至培养基变为深红色，分装于大试管中，装量约为试管高度的 1/2，115℃灭菌 20min。细菌在此培养基上利用葡萄糖产酸，使酚红从红色变为黄色，在不同部位生长的细菌，可使培养基相应部位颜色改变。但注意培养时间太长，酸可扩散以致影响判断结果。

22. 麦氏（McCLary）培养基（醋酸钠培养基，用于培养酵母菌）

葡萄糖 1g、KCl 1.8g、酵母膏 2.5g、醋酸钠 8.2g、琼脂 15~20g、蒸馏水 1 000ml。溶解后分装试管，115℃湿热灭菌 20min。

23. 蛋白胨水培养基（用于吲哚实验）

蛋白胨 10g、NaCl 5g、水 1 000ml，pH 值 7.2~7.4，121℃湿热灭菌 20min。

24. 葡萄糖蛋白胨水培养基（用于 V. P. 反应和甲基红实验）

蛋白胨 5g、葡萄糖 5g、K_2HPO_4 2g、水 1 000ml，pH 值 7.2，115℃湿热灭菌 20min。

25. 糖发酵培养基（用于细菌糖发酵实验）

蛋白胨 0.2g、NaCl 0.5g、K_2HPO_4 0.02g、水 100ml、1%溴麝香草酚蓝水

溶液（可先用少量95%乙醇溶解后，再配成1%水溶液）0.3ml、糖类1g。

制法：分别称取蛋白胨和NaCl溶于热水中，调pH值7.4，再加入溴麝香酚蓝0.3ml，加入糖类，分装试管，装量高度4~5cm，并倒放入一杜氏小管（管口向下，管内充满溶液），115℃湿热灭菌20min。灭菌时注意适当延长煮沸时间，尽量排尽空气以使杜氏小管内部残存气泡。常用的糖类如葡萄糖、蔗糖、甘露糖、麦芽糖、乳糖、半乳糖等。

26. 玉米醪培养基（用于厌氧菌培养）

玉米粉65g、自来水1 000ml，混匀煮沸成糊状，自然pH值，121℃湿热灭菌30min。

27. 中性红培养基（用于厌氧菌培养）

葡萄糖40g、牛肉膏2g、酵母膏2g、胰蛋白胨6g、醋酸铵3g、KH_2PO_4 0.5g、中性红0.2g、$MgSO_4 \cdot 7H_2O$ 0.2g、$FeSO_4 \cdot 7H_2O$ 0.01g、蒸馏水1 000ml，pH值6.2，121℃湿热灭菌30min。

28. 细菌基本培养基（用于细菌营养缺陷型的筛选）

葡萄糖5g、NaCl 5g、K_2HPO_4 1g、$NH_4H_2PO_4$ 1g、$MgSO_4 \cdot 7H_2O$ 0.2g、蒸馏水1 000ml，pH值7.0，115℃湿热灭菌30min。

29. 豆饼斜面培养基（用于产蛋白酶霉菌菌株的筛选）

豆饼100g加水5~6倍，煮出滤汁100ml。在滤液内按以下比例加入各组分$K_2HPO_4$0.1%、$(NH_4)_2SO_4$ 0.05%、$MgSO_4$ 0.05%、可溶性淀粉2%，pH值6，琼脂2%~2.5%。

30. M9培养基

20%葡萄糖溶液2ml、5×M9盐溶液20ml，加蒸馏水至100ml，121℃湿热灭菌20min。

5×M9盐溶液配制：$Na_2HPO_4 \cdot 7H_2O$ 6.4g、NaCl 0.25g、KH_2PO_4 1.5g、NH_4Cl 0.5g，加蒸馏水100ml。

附录 2　厌氧环境微生物分离方法简介

1. 充氮厌氧分离法

用真空泵抽取真空干燥器内的空气，用氮气、二氧化碳或氢气替代，在真空干燥器中培养厌氧细菌，可得表面菌落。

2. 焦性没食子酸法

利用焦性没食子酸在碱性溶液中能吸收游离的氧气，创造厌氧条件，每克焦性没食子酸在过量碱液中能吸收 100ml 空气中的氮气。

将焦性没食子酸若干克置于培养基中，配置 10%的 NaOH 溶液，然后按照焦性没食子酸：NaOH = 1：10（W/V）加入 NaOH 溶液，立即将培养皿和加热褪色后的美蓝氧化还原指示剂放入真空干燥器中，盖紧密封后置于 30℃ 培养。

美蓝氧化还原指示剂配方：0.006mol/L NaOH、0.015%美蓝溶液、0.6%葡萄糖溶液等量混合，加热使美蓝褪色后迅速放入厌氧培养容器中。

3. 深层琼脂法

用移液管稀释土壤稀释悬液 1ml，加入带橡胶塞的试管中，注入溶化后并冷却至 50℃ 的培养基至装满试管，塞紧橡胶塞，置于真空干燥器内，放于恒温室内培养。琼脂柱一半高度以下出现的菌落可认为是厌氧菌。

附录3 细菌分类鉴定中常用的生理生化实验

1. 细胞色素氧化酶测定

（1）试剂。1%盐酸二甲基对苯撑二胺水溶液、1%α-萘酚酒精（95%）溶液。

（2）方法。

①Kovacs法（方法一）。将滤纸裁剪成长条状，置入培养皿内，滴上1%的二甲基对苯撑二胺水溶液，仅使滤纸湿润即可。挑取培养18~24h菌龄的菌苔，涂抹在湿润滤纸上，10s内菌苔呈现红色者为阳性，60s以上出现红色则按阴性处理。

②Gaby和Hadley法（方法二）。用1%的二甲基对苯撑二胺水溶液湿润滤纸后，再滴加1%α-萘酚酒精溶液，然后涂抹菌苔，10s内菌苔出现蓝色者为阳性。

（3）注意事项。

①盐酸二甲基对苯撑二胺水溶液易氧化，应于棕色瓶中4℃冰箱贮存。如溶液变为红褐色，则不易使用。

②菌苔挑取可用玻璃棒、白金丝或用牙签挑取，不能用铁、镍、铬等金属丝挑取，否则会出现假阳性反应。

③在滤纸上滴加试剂时，以刚刚湿润滤纸为宜。若过湿，会影响空气与菌苔接触，从而延长反应时间，造成假阴性。

2. 过氧化氢酶测定

（1）方法。取一干净的载玻片，在上面滴加1滴3%~5%过氧化氢（H_2O_2），挑取一环培养18~24h的菌苔涂抹，若有气泡产生，则为过氧化氢酶阳性反应，无气泡者为阴性。也可以将过氧化氢直接滴加在培养斜面上，观察气泡产生情况。

（2）注意事项。因为过氧化氢酶是一种以正铁血红素作为辅基的酶，所以测试菌所生长的培养基不可有血红素或红血球，容易检测为假阳性。

3. 好氧性实验

（1）培养基。酪素水解物20g、NaCl 5g、巯基醋酸钠2g、甲醛次硫酸钠

1g、琼脂15g、蒸馏水1 000ml。调节pH值7.2，分装试管，121℃湿热灭菌20min，灭菌后直立试管。

（2）接种和观察结果。用接种环为1.5mm环沾取肉汤菌液一环，穿刺接种到上述培养基中（必须穿刺到试管底部）。30℃培养，分别在3~7d观察，在琼脂柱表面上生长者为好氧菌，如沿穿刺线生长者为厌氧菌或兼性厌氧菌。

4. 葡萄糖氧化发酵实验

（1）Hugh-Leifson培养基。蛋白胨2g、葡萄糖10g、NaCl 5g、K_2HPO_4 0.2g、1%溴百里酚蓝水溶液3ml（可先用少量95%酒精溶解后，在加水配成1%浓度）、水洗琼脂5~6g、蒸馏水1 000ml。将蛋白胨、NaCl、K_2HPO_4各成分加水溶解，调节pH值6.8~7.0，加入葡萄糖琼脂煮沸，待琼脂溶解后，加入溴百里酚蓝溶液，混匀后分装试管，115℃湿热灭菌20min。

（2）接种。以18~24h的幼龄菌种穿刺接种，每株菌接4支，其中2支用油封盖（凡士林和液体石蜡体积比1∶1混合），油量厚为0.5~1cm，以隔绝空气。另两支不封油为开管，以不接种闭管为对照。适温培养1d、2d、4d、7d后观察结果。

（3）结果观察。细菌对糖类的利用有两种类型，一种是发酵型产酸，不需要以分子氧作为最终电子受体，另一种是氧化型产酸，是以分子氧作为最终氢受体。氧化型产酸仅开管产酸，氧化作用弱的菌株先在上部产碱（1~2d），后来才稍变酸。发酵型产酸者，则开管闭管都产酸，如产气则在琼脂柱内产生气泡。

5. 甲基红实验（M. R实验）

甲基红实验是根据细菌发酵葡萄糖，在分解葡萄糖过程中产生丙酮酸。再进一步分解，由于糖代谢的途径不同，可产生乳酸、琥珀酸、醋酸和甲酸等大量酸性产物，可使培养基pH值下降至4.5以下，使甲基红指示剂变红这个原理进行的测验，是测定细菌从葡萄糖产酸的能力。

（1）培养基及试剂。

培养基：蛋白胨5g、葡萄糖5g、NaCl（K_2HPO_4）5g、蒸馏水1 000ml。调节pH值7.0~7.2，分装试管，每管装4~5ml，115℃灭菌20min。

试剂：甲基红0.1g、95%乙醇300ml、蒸馏水200ml。

（2）实验方法。挑取新的待试纯培养物少许，接种于上述培养基，培养于30℃ 3~5d，从第2d起，每日取培养液1ml，加甲基红指示剂1~2滴，阳性呈鲜红色，弱阳性呈淡红色，阴性为黄色。发现阳性或至第5d仍为阴性，即可判定结果。甲基红为酸性指示剂，pH值范围为4.4~6.0，在pH值5.0以下，随酸度而增强红色，在pH值5.0以上，则随碱度而增强黄色，在pH值5.0或上下接近时，可能变色不够明显，此时应延长培养时间，重复实验。

6. 乙酰甲基甲醇实验（V. P 实验）

某些细菌在葡萄糖蛋白胨水培养液中能分解葡萄糖产生丙酮酸，丙酮酸缩合、脱羧生成乙酰甲基甲醇，后者在强碱环境下，被空气中的氧氧化为二乙酰，二乙酰与蛋白胨中的胍基生成红色化合物，称V. P（+）反应。该实验一般与甲基红实验一起测试，培养基相同。

结果观察：取出培养4~6d培养物试管，振荡2min。另取1支空试管相应标记菌名，加入2ml管中的培养物悬液，再加入等量的40%NaOH溶液相混合，并用牙签挑入0.5~1mg微量肌酸，充分振荡试管2~5min，以使空气中的氧溶入，置37℃恒温箱中保温15~30min，若培养液呈红色，记录为V. P实验阳性反应（用“+”表示）；若不呈红色，记录为V. P实验阴性反应（用“-”表示）。

7. 淀粉水解实验

（1）培养基及试剂。

①培养基。在肉汤蛋白胨琼脂培养基中添加0.2%的可溶性淀粉，分装三角瓶，121℃灭菌20min，备用。

②试剂。卢戈氏碘液。

（2）接种与培养。倒平板，凝固后，取菌种点种于平板上，每皿可点种3~5个菌株，适温培养2~4d后，在菌落及周围滴加卢戈氏碘液，若围绕菌落周围有无色透明圈，透明圈外呈蓝色者，说明淀粉已经被水解。透明圈的大小在一定程度上说明了水解淀粉能力的大小。

8. 明胶水解实验

也称为明胶液化实验，是利用某些细菌可产生一种胞外酶——蛋白水解酶，能使明胶分解为氨基酸，从而失去凝固力，半固体的明胶培养基成为流动的液体这样的原理进行的实验方法。

（1）培养基。蛋白胨5g、明胶120g、蒸馏水1 000ml。调节pH值7.2~7.4，分装试管，培养基高度为4~5cm，115℃湿热灭菌20min。

（2）接种与观察。用穿刺法接种在试管中央，在20℃培养箱中培养1个月，连续观察明胶液化时间，记录明胶液化明显时的时间。如细菌在此温度下不能生长，可在最适温度下培养，观察时将试管置于冰浴中，观察其液化程度。

9. 硝酸盐还原实验

有些细菌能把硝酸盐还原为亚硝酸盐、氨和氮等。如果细菌将培养基中的硝酸盐还原为亚硝酸盐，当培养液中加入格里斯氏（Griess）试剂时，则溶液呈粉红色、玫瑰红色、橙色或棕色等。

（1）培养基。肉汤蛋白胨培养基1 000ml、KNO_3 1g，pH值7.0~7.4。

（2）试剂。

①格里斯氏（Griess）试剂。A液：对氨基苯磺酸0.5g、稀醋酸（10%）150ml；B液：α-萘胺0.1g、蒸馏水20ml、稀醋酸（10%）150ml。

②二苯胺试剂。二苯胺0.5g溶于100ml浓硫酸中，用20ml蒸馏水稀释。

（3）实验方法及结果。将实验菌种接种于硝酸盐液体培养基中，以不接种的空白培养基作对照，适温培养1~5d。取2支干净的试管加入少许培养液，然后在其中分别各滴一滴试剂A液和B液。当培养液变为粉红色、玫瑰红色、橙色或棕色时，表示有亚硝酸盐存在，为硝酸盐还原阳性。若无颜色变化，则可滴加1~2滴二苯胺试剂，若呈蓝色反应，则表示培养液中仍有硝酸盐，如不呈蓝色反应，说明硝酸盐已经过亚硝酸状态还原为其他物质，仍按照硝酸盐阳性处理。

10. 产生吲哚实验

有些细菌含有色氨酸酶，能分解蛋白胨中的色氨酸生成吲哚，该物质可与二甲基氨基苯甲醛试剂反应，形成红色的玫瑰吲哚。

（1）培养基。蛋白胨水培养基（蛋白胨1%、NaCl 0.5%）中加0.1%色氨酸，或者肉汤蛋白胨培养基中的蛋白胨改用胰蛋白胨。pH值为7.5。

（2）试剂（Ehrlich法）。对二甲基氨基苯甲醛5g、异戊醇或乙醇（95%）75ml、浓盐酸25ml。

（3）方法。将测试菌株接种于蛋白胨培养基中，适温培养7d，取试剂数滴，沿试管壁缓缓加入，在液层界面形成红色者为阳性反应。若仍为黄色，则为阴性反应。

11. 马尿酸盐水解实验

可作为某些芽孢杆菌属和黄单胞菌属的鉴定之用。

(1) 培养基(马尿酸肉汤液)。胰胨 10g、牛肉膏 3g、酵母膏 1g、葡萄糖 1g、Na_2HPO_4 5g、马尿酸钠(Griess)10g、蒸馏水 1 000ml。调节 pH 值 7.2~7.4,分装试管,115℃湿热灭菌 20min。

(2) 试剂。50%(v/v)浓硫酸。

(3) 接种与观察。培养 18~24h 幼龄菌种接种于上述培养液中,适温培养 4 周(高温芽孢菌培养 2 周)。取 1ml 培养物和 1.5ml 50%浓硫酸混合,静置片刻。在酸性混合物中如有针状结晶出现,证明从马尿酸盐形成安息香酸。

12. 硫化氢产生实验

某些细菌能够分解含硫氨基酸生成硫化氢。硫化氢与铅盐或铁盐会形成黑色的硫化铅或硫化铁沉淀物。培养基的硫代硫酸钠为还原剂,能保持培养基还原环境,使硫化氢不被氧化。当所供应的氧足以供应细胞代谢时,则不会产生 H_2S,因此该实验不能使用通气过多的培养方式,一般采用穿刺接种方式,令其在试管底部产生 H_2S。

(1) 培养基。蛋白胨 20g、NaCl 6g、柠檬酸铁铵 0.5g、硫代硫酸钠 0.6g、琼脂 15g、蒸馏水 1 000ml。调节 pH 值 7.2,分装试管,121℃湿热灭菌 20min,直立贮存。

(2) 接种和结果观察。用穿刺法接种细菌于上述培养基中,适温培养 2~4d。如穿刺线上或试管底部变黑者为阳性反应。

13. 脲酶测定

脲酶能够分解培养基中的尿素,产生大量氨,使培养基 pH 值升高,并使指示剂酚红由黄色变为粉红色。

(1) 培养基。蛋白胨 1g、葡萄糖 1g、NaCl 5g、K_2HPO_4 2g、酚红 0.012g(1:500 水溶液取 6ml)、琼脂 20g、蒸馏水 1 000ml。

溶解上述成分,调节 pH 值 6.8~6.9,然后加入酚红指示剂,使培养基呈橙黄色。分装三角瓶,115℃湿热灭菌 20min,待培养基冷却至 50~55℃时,加入预先过滤灭菌的 20%尿素水溶液,使其在培养基中的最终浓度为 2%。摇匀后,分装无菌试管制成斜面贮存。

培养基配制时注意 pH 值调节,若 pH 值>7.0,则培养基加入尿素时就变为红色，不宜使用。

（2）结果观察。接入待测菌株，适温培养1~4d，培养基变红色者为阳性反应。

14. 酪素水解实验（酪朊水解）

（1）制作牛奶平板。取5g脱脂奶粉加入到50ml蒸馏水中（或直接用50ml脱脂牛奶），另称1.5g琼脂溶于50ml蒸馏水中，分装两个锥形瓶，分开灭菌（切勿混合灭菌，以防牛奶凝固）；灭菌后，待冷却至50℃左右时，将两液混合均匀倒成平板，即为牛奶平板。

（2）接种观察。倒置过夜，使平板表面水分干燥，然后将菌种点接于平板上，每皿可点接3~5株菌株。适温培养1d、3d、5d，记录菌落周围和下面酪素是否已经被分解透明。

15. 酪氨酸水解

有些细菌可产生酪氨酸酶，能使含有酚类的化合物氧化成醌类物质，再经脱水、聚合等一系列反应，最后形成黑色沉淀物。

（1）培养基。采用牛肉膏蛋白胨培养基加入0.1%酪氨酸，调节pH值7.0，分装试管，灭菌后搁成斜面。

（2）接种观察。接种后适温培养3~7d，斜面有黑色素着为阳性反应。

16. 卵磷脂酶测定

卵磷脂酶可以将卵磷脂分解生产脂肪和水溶性的磷酸胆碱，生成的脂肪会使菌落周围及下方出现不透明区域，即为阳性反应。

（1）培养基。在无菌操作下取出卵黄，加等量的生理盐水，摇匀后，取10ml卵黄液加到装有200ml 50℃左右的肉汤蛋白胨琼脂培养基中，混匀后倒平板，制成卵黄平板，过夜后即可使用。

（2）接种与观察。将实验菌种点接在卵黄平板上，每皿可分散点接4~5株菌，以不影响观察为宜。如待测培养基为厌氧菌，则需要在接种位置加盖无菌玻片。每个菌种可以重复2~3个平板。适温培养24~48h，在菌落周围及下面如出现不透明区域，则表示卵磷脂被水解成脂肪和水溶性磷酸胆碱，说明该菌株有卵磷脂酶的出现。

17. 苯丙氨酸脱氨实验

用于肠杆菌及某些芽孢杆菌种的鉴定。某些细菌具有苯丙氨酸脱氨酶，能将苯丙氨酸氧化脱氨，形成苯丙酮酸，苯丙酮酸遇到 $FeCl_3$呈蓝绿色。

（1）培养基。酵母膏 8g、NaCl 5g、Na_2HPO_4 1g、*DL*-苯丙氨酸 2g（或*L*-苯丙氨酸 1g）、琼脂 15g、蒸馏水 1 000ml。调节 pH 值 7.0，分装试管，115℃湿热灭菌 20min，搁成斜面。

（2）试剂。10%（W/V）的 $FeCl_3$溶液。

（3）接种与结果观察。取实验菌株接种于上述培养基上，适温培养 3～7d（某些芽孢杆菌要培养至 21d）后，取 10%的 $FeCl_3$溶液 4～5 滴，滴加到生长的斜面上，凡斜面和试剂界面处呈蓝绿色者为阳性反应，表示能从苯丙氨酸形成苯丙酮酸。

18. 氨基酸脱羧酶实验

有些细菌含有氨基酸脱羧酶，脱羧后生产胺类和 CO_2。此反应在偏酸性条件下进行。肠道杆菌和假单胞菌的鉴定常采用本实验。

（1）培养基（Moeller 法）。蛋白胨 5g、牛肉膏 5g、*D*-葡萄糖 0.5g、吡哆醛 5mg（或用 0.5% 酵母膏代替）、1.6% 溴甲酚紫 0.625ml、0.2% 甲酚红 2.5ml、蒸馏水 1 000ml。除指示剂外，将以上成分溶解，调 pH 值为 6.0，然后按上述配方加入指示剂。将培养基平均分成 4 份，其中 3 份分别加入 *L*-精氨酸、*L*-赖氨酸和 *L*-鸟氨酸的盐酸盐，使浓度达到 1%。再次调节 pH 值为 6.0。未加氨基酸的 1 份基础培养基作为空白对照。分装试管，每管 3～4ml，115℃灭菌 20min。

（2）接种与观察。用幼龄培养液作为菌种，直针接种。接种后封油，对照管与测定管同时接种并封油。肠杆菌科细菌可培养在 37℃，逐日观察记录 4d。其他细菌可在 30℃下培养，连续观察 1 周。如指示剂呈紫色或带红色色调的紫色时，为阳性反应；呈黄色者为阴性。对照管呈黄色。

附录4　微生物常用玻璃器皿洗涤

微生物实验中各种玻璃器皿，需要经过洗涤后方可使用。清洁方法和所用洗涤剂因目的而不同，但都需注意两点：一是玻璃器皿用过后，在未干燥前洗涤，尤其是滴管、吸管和发酵管，如若不能立即清洗，可先浸入水中；二是为防止发生意外，器皿沾染了具有传染性的微生物时，应先在水中煮沸或蒸汽灭菌，也可以在消毒液中浸泡后再清洗，消毒液可用5%福尔马林或漂白粉（漂白粉10g、水140ml）。

1. 洗涤剂

水是最常用的洗涤剂，保持器皿的干净操作中某些实验要求比较严格，需要用一些特殊试剂进行浸泡。现将常用的特殊洗液成分和配方介绍如下。

（1）铬酸洗液。常见3种铬酸洗液见下表。

洗液种类	铬酸洗液Ⅰ	铬酸洗液Ⅱ	铬酸洗液Ⅲ
成分组成	重铬酸钾60g 浓硫酸460ml 水300ml	重铬酸钾60g 浓硫酸60ml 水1 000ml	重铬酸钠60g 浓硫酸100ml 水300ml
配制方法	重铬酸钾溶解于温水中，冷却后再徐徐加入浓硫酸		

铬酸洗涤液是强氧化剂，去污能力很强，但对玻璃器皿上的油脂、凡士林或石蜡等物无效。另外，如若玻璃器皿沾染钡盐时也不宜使用，与洗液中的硫酸起作用生成硫酸钡附着于玻璃器皿上很难去除。铬酸洗液可反复使用，若洗液颜色呈现青褐色时，则说明铬酸已经被还原而没有去污作用了。玻璃器皿通常先用清水洗涤后，再用铬酸洗液浸泡，这样可延长洗涤液使用的时间。铬酸洗涤液腐蚀性较强，洗涤时注意安全，若溅到皮肤上立即用清水洗，再用苏打（碳酸钠）水或氨水洗。

（2）高锰酸钾洗液。高锰酸钾溶液（5%）是很好的洗涤液，特别在加热和加酸的情况下，它的氧化和去污能力更强。使用方法是将100ml高锰酸钾溶液中加3~5ml浓硫酸，然后加入要洗涤的器皿中，可适当加热至50~60℃。切勿使用盐酸代替浓硫酸，否则会在高锰酸钾溶液中产生有毒的氯气。玻璃器皿洗涤后，需用清水洗净，器皿上遗留的一层褐色物质，可用草酸溶液洗涤。

（3）酸或碱。盛过煤膏、焦油和树脂等物质的玻璃器皿，可用浓硫酸或40%的氢氧化钠溶液浸泡后洗涤。浸泡时间一般为5~10min，有的需几个小时。

（4）去污粉或其他洗涤剂。去污粉主要成分是碳酸氢钠，具有腐蚀性，但会使物体表面产生细微划痕。一般先将待清洗器皿表面弄湿，再直接撒上去污粉用湿布或海绵擦拭，最后以清水冲洗即可。

2. 各种玻璃器皿的洗涤

（1）新的器皿。玻璃器皿分为软玻璃和硬玻璃。与硬玻璃相比较，软玻璃产生的可溶性物质较多。比较精密的实验，宜用硬玻璃器皿。新的玻璃器皿，都含有游离的碱性物质，会影响到实验结果，使用前必须洗涤。可用1%盐酸洗液浸泡24h，再用清水洗涤。若有必要，可用肥皂水和铬酸洗液。

（2）试管、烧杯、烧瓶和培养皿等一般器皿。先去除残渣，然后用清水洗净。器皿若可能沾染传染性微生物时，要加热灭菌或用漂白粉溶液等消毒后再用水洗。然后用肥皂水或合成洗涤剂清洗，可以加热煮沸，然后用清水冲洗几次，再用蒸馏水冲洗器皿内壁。若需要更加洁净的器皿，可再用铬酸洗液处理。试管、烧瓶及培养皿等可浸泡10min，滴管和吸管则需要1~2h。洗涤液处理后的玻璃器皿，要用水充分冲洗，将洗涤液完全洗去。

（3）载玻片和盖玻片。可按照一般器皿进行洗涤，水洗后浸泡在铬酸洗液中几个小时后用水冲洗几次，擦干净。洗净后的载玻片和盖玻片可贮放在95%的酒精中（滴入少量浓盐酸），用的时候擦干或者灼烧去掉酒精。

（4）发酵管等小管。可用肥皂水洗，若有一层油脂不易洗去，可用10%磷酸钠溶液洗涤。发酵管也可用铬酸洗液洗涤。

（5）滴定管和吸管。可用铬酸洗液洗涤，但滴定管需去掉上端的橡皮管。若滴定管洗涤后还不够清洁，可先用少量95%酒精洗涤，然后吸入酒精浓硝酸（95%酒精：浓硝酸=2：5）混合液中，需现配现用，当反应终止后，滴管已洗涤干净。

（6）特殊洗涤法。精密实验，只将玻璃表面附着物洗去还不够，玻璃中的可溶性物质也影响实验结果。可先在0.1mol/L的氢氧化钠溶液中煮1h，洗涤后再在0.1mol/L硫酸或盐酸溶液中煮1h，然后用蒸馏水洗几次，再在蒸馏水中浸几小时后干燥。

3. 玻璃器皿的干燥

洗净的玻璃器皿，一般置于木架或其他适当的地方，在室温下干燥。若是高温干燥，温度在80~100℃为宜。为了特殊需要，如要求很快干燥，可将洗净的玻璃器皿预先用纯酒精少许浸润，倒去后再加乙醚少许，乙醚任其干燥。

参考文献

陈金春，陈国强 . 2007. 微生物学实验指导［M］. 北京：清华大学出版社.

丁艺 . 2013. 石油烃降解菌的筛选及其对油污土壤的修复研究［D］. 西安：西安科技建筑大学 .

方中达 . 1998. 植物研究方法［M］. 北京：中国农业出版社 .

高金强 . 2012. 海洋聚磷菌的筛选、鉴定及其除磷特性研究［D］. 济南：山东大学.

何楠，令利军，冯蕾，等 . 2017. 1 株产纤维素酶细菌的筛选、鉴定及生长特性［J］. 微生物学杂志（37）1：43-49.

黄秀梨 . 1999. 微生物学实验指导［M］. 北京：高等教育出版社，施普林格出版社 .

焦润身，周德庆 . 1990. 微生物生理代谢实验技术［M］. 北京：科学出版社 .

陆洪省，王亚舒，王厚伟，等 . 2014. 盐碱地中解科学出版社，磷菌的分离鉴定及其解磷能力研究［J］. 东北农业大学学报，45（2）：77-82.

马强 . 2008. 高效石油烃降解菌的分离、鉴定及降解能力的研究［D］. 北京：北京化工大学 .

聂晶晶，铁程，金玉，等 . 2008. 水华微囊藻分离及其鉴定技术研究进展［J］. 环境科学导刊，27（5）：1-5.

沈德中 . 2002. 污染环境的生物修复［M］. 北京：化学工业出版社 .

沈萍，陈向东 . 2007. 微生物学实验［M］. 北京：北京大学出版社 .

宋瑞清，邓勋，宋小双 . 2016. 菌根辅助细菌与外生菌根菌互作机制研究进展［J］. 吉林农业大学学报，38（4）：379-384.

王曙光 . 2008. 环境微生物研究方法与应用［M］. 北京：化学工业出版社.

夏北成 . 2003. 环境污染物的生物降解［M］. 北京：化学工业出版社 .

薛丽宁 . 2012. 虎榛子外生菌根真菌的分离鉴定及其组培苗菌根化研究［D］. 呼和浩特：内蒙古农业大学 .

杨革 . 2005. 微生物学实验教程［M］. 北京：科学出版社 .
赵起政，路宏科，彭涛，等 . 2015. 马铃薯淀粉废水高活性絮凝菌的分离鉴定［J］. 中国酿造，34（2）：76-81.
张海黎 . 2011. 丁醇发酵菌种的筛选与鉴定［D］. 石河子：石河子大学 .
张沫 . 2006. 高效絮凝菌的筛选及其特性研究［D］. 哈尔滨：哈尔滨工业大学 .
张胜华 . 2005. 水处理微生物学［M］. 北京：化学工业出版社 .
张云波，吴伟林，薛蓉蓉，等 . 2011. 一株石油烃降解菌的筛选、鉴定及对石油烃模式物的降解特性研究［J］. 环境工程学报，5（8）：1 887-1 892.
赵斌，何绍江 . 2002. 微生物学实验［M］. 北京：科学出版社 .
周德庆，徐德强 . 2013. 微生物学实验教程［M］. 北京：高等教育出版社.
周德庆 . 2011. 微生物学教程［M］. 北京：高等教育出版社 .
周德庆 . 1993. 微生物学实验手册［M］. 上海：复旦大学出版社 .
祖若夫，胡宝龙，周德庆 . 1993. 微生物学实验教程［M］. 上海：复旦大学出版社 .